DESCRIPTION

DES

PLANTES POTAGÈRES.

35502

PARIS. — IMPRIMERIE FÉLIX MALTESTE ET Cie,
rue des Deux-Portes-St-Sauveur, 22.

DESCRIPTION

DES

PLANTES POTAGÈRES,

PAR

VILMORIN-ANDRIEUX ET CIE,

MARCHANDS GRAINIERS, QUAI DE LA MÉGISSERIE, 30,

A PARIS.

1RE PARTIE. — TIRAGE PROVISOIRE.

CHEZ VILMORIN-ANDRIEUX ET CIE,
30, quai de la Mégisserie,
ET A LA LIBRAIRIE AGRICOLE, RUE JACOB.

1855

INTRODUCTION.

Un grand nombre de plantes potagères sont peu connues ou sont, pour ainsi dire, cantonnées dans des localités restreintes; d'autres sont reléguées, malgré leur utilité et leur mérite, dans quelques jardins d'amateurs.—Les auteurs qui ont écrit sur le jardinage ayant eu principalement en vue de faire connaître les procédés de culture, se sont peu attachés aux descriptions méthodiques des variétés (1); le nombre de celles-ci s'est, d'ailleurs, beaucoup accru depuis plusieurs années.—Les catalogues qui sont distribués par le commerce ne comportent que de sèches nomenclatures qui ne peuvent guider suffisamment, pour le choix des variétés, les personnes qui n'en ont pas fait une étude spéciale; pour les étrangers, ces listes sont plus insuffisantes encore.—Si à ces considérations nous ajoutons celles qui ressortent de l'utilité que doivent présenter des descriptions qui puissent aider les cultivateurs dans le choix et l'appréciation des espèces; fournir au commerce un ensemble de renseignements qui ne se rencontre pas ailleurs, et quelquefois, aussi, permettre de reconnaître des erreurs, nous avons la confiance d'avoir rempli, par cette publication, une lacune dont nous avons, nous-mêmes, souvent senti le vide.

(1) Il faut excepter l'auteur du *Nouveau La Quintynie*, et surtout l'abbé Rozier qui a apporté un très grand soin et beaucoup de méthode dans ses descriptions; Decombles, Féburier dans le *Cours complet d'Agriculture*, de Déterville, et d'autres ont décrit les variétés potagères qui leur étaient connus; l'*Almanach du Bon Jardinier* n'en omet qu'un petit nombre, mais ces descriptions sont souvent incomplètes, peu caractéristiques, et s'appliquent en partie à des variétés qui ne sont plus cultivées.

INTRODUCTION.

La série des *Plantes potagères* que nous avons décrites compose notre collection commerciale et représente à peu près toutes les espèces et variétés le plus généralement connues et usitées en France.

En les décrivant, nous nous sommes appliqués à suivre pour chaque genre une méthode qui permette de saisir promptement les caractères distinctifs des espèces, et nous avons tâché de rendre plus sensibles par des chiffres les différences qui distinguent leurs parties essentielles; mais il est bien important de ne pas perdre de vue que les dimensions ou les poids, le nombre de ramifications ou de grains contenus dans les fruits, etc., que nous avons mentionnés, ne sont que relatifs, ne présentant que le résultat d'études comparatives faites dans des circonstances et dans un terrain donnés, et ne sont rien moins qu'absolus.

Pour la partie botanique de nos descriptions, nous nous sommes aidés des auteurs les plus estimés, en négligeant tous les caractères qui ne nous ont pas paru essentiels, et en ne nous servant des termes scientifiques qu'autant qu'il nous a été impossible de les éviter: on en trouvera d'ailleurs la signification dans tous les vocabulaires de botanique, notamment dans celui que contient l'*Almanach du Bon Jardinier*.

Sous le titre d'*Espèces diverses*, nous avons classé à la suite de chaque série les variétés qui ne font pas partie de notre collection de fonds et que nous n'avons pas cru devoir adopter, soit parce qu'elles ne présentaient qu'une différence peu tranchée avec les espèces de notre collection, ou que leur mérite nous ait paru insuffisant pour les y introduire; pour cette catégorie nombreuse de variétés, nous avons transcrit les vérifications, ordinairement très succinctes, écrites sur le terrain pour notre usage particulier et leur rédaction se ressent de la rapidité avec laquelle elles ont été faites, mais quelque restreints et incomplets que soient ces renseignements, nous les considérons comme un complément fort utile de notre travail; les dates que nous avons mentionnées indiquent à quelle époque l'espèce a été introduite dans nos cultures.

Aux descriptions des espèces et des variétés potagères, nous avons ajouté toute la

INTRODUCTION.

synonymie française et étrangère que nous avons rencontrée dans les meilleurs ouvrages français et étrangers et celle que nous avons pu réunir dans les études et dans les recherches constantes auxquelles nous nous livrons ou que nous avons recueillie par nos relations; nous comprendrons dans les éditions ultérieures tout ce que nous pourrons ajouter à cette partie importante de notre travail, et, dans ce but, nous faisons un appel au concours bienveillant de nos correspondants, offrant même aux horticulteurs français et étrangers qui voudront faire des études comparatives, à ce point de vue, des collections de nos plantes potagères ou des différentes sections qui les intéresseront plus particulièrement.

Une table générale comprenant sous la forme d'un dictionnaire synonymique, tous les noms français et étrangers terminera ce volume et facilitera les recherches.

Au travail descriptif nous avons ajouté des renseignements sur l'emploi des plantes, sur la durée germinative des graines, sur leur volume comparatif et sur leur poids; enfin, par un renvoi à la page de l'*Almanach du Bon Jardinier* dont nous rédigeons l'article *Potager*, cette publication se trouve complétée de tous les renseignements nécessaires sur les procédés de culture les plus usités.

Quoique l'*Album des plantes potagères* dont nous publions chaque année une feuille, n'ait point été entrepris dans des vues scientifiques, il peut cependant servir, jusqu'à un certain point, de complément et d'illustration aux descriptions que nous publions; nous nous proposons, si les circonstances le permettent, de faire paraître en figures coloriées, de grandeur naturelle, la série complète des plantes cultivées, d'après les dessins originaux dont nous possédons une collection importante.

Nous publions, dès à présent, la première partie actuellement préparée de la *Description des plantes potagères*; les matériaux nécessaires pour compléter cette publication sont réunis et nous nous proposons de la terminer dans le cours de l'été prochain.

Paris le 20 Mars 1855.

DESCRIPTION

DES

PLANTES POTAGÈRES.

AIL

ORDINAIRE.

Syn. — Thériaque des Paysans.

Noms étr. — **Angl.** Garlic common. — **All.** Knoblauch. — **Esp.** Ajo vulgar. — **Port.** Alho. — **Ital.** Aglio.

Allium sativum. Fam. des *Liliacées.*

Indigène. Vivace. Racine bulbeuse se composant d'une dizaine de cayeux, réunis par une pellicule mince et blanchâtre; feuilles planes; tige haute de 0^m,40 à 0^m,60, cylindrique, terminée par une ombelle de fleurs blanc-rosé, entremêlées de bulbilles; les graines, qui sont noires et arrondies, sont rarement employées pour la reproduction, parce qu'on leur préfère les cayeux.

A Aubervilliers, près Saint-Denis, on plante 15 hectolitres par hectare; on évalue le produit à 180 hectolitres par hectare. Un décalitre contient environ 85 bulbes ou gousses.

Usage. On emploie la racine (tête ou gousse) dont l'odeur particulière et la saveur forte sont bien connues.

Culture. V. *Almanach du Bon Jardinier*, 1854, p. 399

AIL

ROSE HATIF.

Syn. — ....

Noms étr. — ....

Variété de l'Ail ordinaire, qui s'en distingue par la couleur rosée de la pellicule qui enveloppe les cayeux, et, en outre, par sa précocité qui permet de le consommer quinze jours avant l'Ail ordinaire. On assure qu'il a l'inconvénient de faire tourner les sauces et que les cuisiniers expérimentés se gardent de l'employer.

On le plante plus généralement à l'automne.

AIL

ROCAMBOLE.

Syn. — AIL ROUGE. — AIL D'ESPAGNE. — ROCAMBOLE. — ÉCHALOTTE D'ESPAGNE.

Noms étr. — **Angl.** Rocambol. — **All.** Roccambollen. — **Port.** Alho de Hespanha. — **Ital.** Aglio d'India.

Allium scorodoprasum.

Indigène. Vivace. La bulbe ou gousse, semblable à celle de l'Ail ordinaire, a la même saveur ; la tige, haute de 0^m,50 à 0^m,80, roulée en spirale vers son extrémité, supporte un groupe de bulbilles ou rocamboles, entremêlées de fleurs ; les feuilles sont larges, crénelées et rudes sur les bords d'après quelques auteurs, mais nous n'avons pu découvrir ce caractère sur les plantes que nous cultivons : on peut se servir des bulbilles pour la reproduction, mais ce moyen est plus lent que l'emploi des cayeux.

AIL

D'ORIENT.

Syn. — AIL A CHEVAL ? — POURRAT. — POURRIOLE.

Noms étr. — **Angl.** Garlic great headed. — **Ital.** Porrandello.

Allium ampeloprasum.

Indigène. Vivace. Cette espèce produit une très grosse bulbe qui se divise en cayeux, comme l'Ail ordinaire; elle en a l'odeur et le goût, mais à un moindre degré. La plante pousse des feuilles et une tige assez semblables à celles du Poireau; les fleurs qui sont roses sont également disposées en une très grosse ombelle arrondie; les graines nouent quelquefois et pourraient servir à la reproduction de la plante; mais comme ce moyen est lent, on préfère l'emploi des cayeux.

ALKÉKENGE

JAUNE DOUCE.

Syn. — Coqueret. — Comestible.

Noms étrang. — **Angl.** Winter-Cherry. — **All.** Capische Stachelbeere. — **Esp.** Alkekenje. — **Ital.** Erba rara. Frutti d'ananas. — **Port.** Alkekengi.

Pysalis pubescens. Fam. des *Solanées*.

De l'Amérique méridionale. Annuelle. Tiges anguleuses, de $0^m,70$ à 1^m, très rameuses, pubescentes; feuilles pétiolées, ovales, molles, velues, visqueuses, deltoïdes; fleurs pédicellées, solitaires, petites, jaunâtres, marquées de taches d'un pourpre foncé; calice fructifère, très ample, vésiculeux, renfermant un fruit juteux, jaune orange, de la grosseur d'une cerise. Graine jaune, petite, lenticulaire; sa durée germinative est de 3 années. Dix grammes contiennent environ 9,000 graines. Le litre pèse 275 grammes.

Usage. Dans les pays méridionaux on recherche le fruit à cause de sa saveur légèrement acide.

Culture. Almanach du Bon Jardinier, 1854, p. 456.

On cultive aussi pour leurs fruits les *Physalis Barbadensis* et *Peruviana*.

AMARANTE

DE CHINE.

Syn.—....

Noms étr.—....

Amarantus species? Fam. des *Amarantacées*.

De la Chine. Annuelle. Tige de 1 mètre, rameuse, rouge, légèrement pubescente; feuilles lancéolées, longuement pétiolées, vertes, lavées de rouge à la face supérieure, à nervures rouges à la face inférieure, à pétiole rouge. Fleurs petites, verdâtres, réunies en épis axillaires. Graine très petite, noire, luisante; sa durée germinative est de 5 années. Dix grammes contiennent environ 7,780 graines.

Usage. On emploie les feuilles cuites, accommodées comme les Épinards dont elles ont le goût : cette plante fournit abondamment pendant tout l'été.

Culture V. *Almanach du Bon Jardinier,* 1854, p. 400.

AMARANTE
MIRZA.

Syn.— ....

Noms étr. — ...

Cette plante, originaire des Indes orientales, est très voisine de l'Amarante de Chine ; cependant, elle paraît être plus précoce et ses graines mûrissent plus habituellement sous notre climat : son emploi et sa culture sont les mêmes.

AMARANTE
HANTSI SHANGAI.

Syn.— ....

Noms étr. —....

Cette espèce a été rapportée de la Chine par Fortune, et répandue par les soins de la Société horticulturale de Londres ; elle diffère peu des deux précédentes.

ANANAS [1].

Syn. — ....

Noms étr. — Angl. Pine apple. — All. Bromelie. — Esp. Ananas. Pina de Indias. — Port. Ananaz. — Ital. Ananas. Ananasso.

Bromelia ananas. Fam. des *Broméliacées.*

De l'Amérique méridionale. Feuilles radicales, raides, longues de 0^m, 80 à 1 mètre, creusées en gouttières, épineuses sur les bords ou lisses, très piquantes, couvertes d'une pruine glauque ; tige simple, de 0^m, 40 à 0^m, 50, terminée par un épi

[1] Bien que la culture de l'Ananas exige des soins tout spéciaux, nous croyons ne pas devoir l'exclure du nombre des plantes potagères, d'autant que par une culture simplifiée, à l'aide de châssis et de couches de feuilles ou de fumier, on peut obtenir des résultats satisfaisants.

de fleurs bleues que surmonte un faisceau de petites feuilles appelé *couronne*. Aux fleurs succède un fruit composé des ovaires soudés qui composent une masse charnue, généralement ovoïde, colorée de jaune, de violet ou de rouge, dont le poids atteint 500 gr. à 5 kilog, suivant les variétés ; la chair du fruit est ferme, ordinairement très parfumée, d'une saveur légèrement acidulée, rappelant celle de la fraise, de la pomme et d'autres fruits.

On multiplie ordinairement l'Ananas au moyen des *œilletons* ou de la couronne ; mais, lorsqu'on cherche à gagner des variétés nouvelles, on sème les graines qu'on obtient en laissant le fruit acquérir une maturité complète.

Nous citons, d'après le catalogue de M. Gontier, les variétés d'Ananas les meilleures et les plus faciles à cultiver : les chiffres indiquent le degré relatif de précocité.

Culture. Almanach du Bon Jardinier, 1854, p. 400.

3 — *De la Martinique*, ou *commun*.
3 — *De la Martinique, Comte de Paris*, très bon, fruit ressemblant à l'ananas de la Martinique, mais venant beaucoup plus gros et d'une culture plus facile, en raison de ce qu'il produit beaucoup moins d'œilletons.
1 — *De la Providence*, très gros fruit rond.
6 — *De Cayenne, à feuilles lisses*, ou *Maïpouri*, l'un des meilleurs de ce pays, gros fruit pyramidal.
5 — *De Cayenne, à feuilles épineuses*.
5 — *De Cayenne, Charlotte Rothschild*, épineux.
4 — *De la Jamaïque, noir*.
4 — *De la Jamaïque, violet*, plante remarquable par la couleur de ses feuilles et de son fruit, qui atteint souvent 0^m, 30 de hauteur.
4 — *De Java, à feuilles rayées*.
4 — *De Saint-Domingue, pain de sucre*.
4 — *D'Antigoa, noir*, gros fruit rond.
5 — *D'Antigoa, vert*, gros fruit, de première qualité.
4 — *D'Antigoa, blanc*, gros fruit rond.
4 — *De la Havane, doux, à feuilles lisses*.
4 — *De la Havane, en pain de sucre*, très gros fruit.
2 — *Du mont Serrat*, l'un des plus gros fruits.
4 — *D'Otaïti*, gros fruit rond.
4 — *De la Guadeloupe*, connu dans le pays sous le nom de *Gros-Cœur*, gros fruit à chair jaune.
4 — *Duchesse d'Orléans*, fruit conique.

2 — *Enville,* fruit conique, très gros.
4 — *Enville Pelvillain,* gros fruit pyramidal.
4 — *Enville Gontier,* gros fruit cylindrique.
4 — *Hémisphérique,* gros fruit.
4 — *Pain de sucre, brun.*
4 — *Pain de sucre, couleur bronze.*
4 — *Poli blanc Pommerel,* gros fruit cylindrique.
4 — *Reine Barbade,* gros fruit mi-sphérique.
4 — *Reine Pomaré,* belle plante qui ressemble par son port à l'Enville; gros fruit de la forme et de la saveur du Commun.
4 — *La Reine des Français,* plante à feuilles lisses et à gros fruit.
4 — *Princesse de Russie.*

ANGÉLIQUE

OFFICINALE.

Syn. — ARCHANGÉLIQUE.

Noms étr. — **Angl.** Angelica. — **All.** Engelwurz. — **Esp.** Angelica. — **Port.** Angelica. — **Ital.** — Angelica.

Angelica archangelica. — Fam. des *Ombellifères.*

Des Alpes. Bisannuelle ou plutôt vivace. Tiges herbacées, fistuleuses, hautes d'environ $1^m,30$; feuilles radicales, très grandes, amplexicaules, rouge violet à la base, à pétiole long, de 0^m 30 à 1^m, terminé par trois divisions principales dentées, qui se subdivisent elles-mêmes par trois; fleurs petites, nombreuses, jaune pâle, en ombelles, formant par leur réunion une tête arrondie. Graine jaunâtre, oblongue, aplatie d'un côté, convexe de l'autre, marquée de trois côtes saillantes, membraneuse sur les bords; elle perd promptement ses facultés germinatives, et doit être semée, pour le mieux, immédiatement après la récolte. Dix grammes contiennent environ 1,900 graines. Le litre pèse 140 grammes.

Usage. — On mange la tige et les côtes des feuilles confites au sucre; quelques peuples du Nord, au rapport de Bosc, les mangent aussi comme légume, crues ou cuites, avec la viande ou le poisson; la racine qui est fusiforme est employée en médecine, les graines entrent dans la composition de quelques liqueurs.

Culture. — *Almanach du Bon Jardinier*, 1854, p. 406.

ANIS.

Syn. — ANIS VERT.

Noms étr. — **Angl.** Anise. — **All.** Anis. — **Esp.** Anis. — **Port.** Anis. — **Ital.** Anacio.

Pimpinella anisum. — Fam. des *Ombellifères.*

D'Orient. Bisannuelle. Tige de 1 mètre environ, garnie de feuilles caulinaires pinnées à lobes cunéiformes incisés, les radicales simples, cordiformes dentées. Les fleurs blanches, petites, en ombelles. Graine pubescente ovoïde, de couleur gris-verdâtre, plate d'un côté, convexe de l'autre, marquée de cinq côtes: sa durée germinative est de 3 années. Dix grammes contiennent en moyenne 2,950 graines. Le litre pèse 320 grammes.

Usage. — On emploie les graines en médecine, ou pour la composition des liqueurs et des dragées, et même en Italie on les fait entrer dans la fabrication du pain.

ANSÉRINE
BON HENRI.

Syn. — ÉPINARD SAUVAGE. — BON HENRY. — PATTE D'OIE TRIANGULAIRE. — SARRON. — SERRON.

Noms étr. — **Angl.** Goodefoot. Good Henry. — **All.** Gemeiner Gansefuss. — **Esp.** .... — **Port.** .... — **Ital.** Bono Enrico.

Chenopodium bonus Henricus. — fam. des *Chenopodées.*

Indigène. Vivace. Tige de 80 centimètres, légèrement cannelée, glabre; feuilles alternes longuement pétiolées, sagittées, ondulées, glabres, d'un vert foncé, pruineuses à la surface inférieure; fleurs petites nombreuses, verdâtres, en grappe resserrée, compacte. Graine noire, réniforme. Sa durée germinative est de ..... années. Dix grammes contiennent 4,000 graines.

Usage. — On mange les feuilles en guise d'épinards.

ANSÉRINE
QUINOA BLANC.

Syn. — QUINOA BLANC.

Noms étr. — **Angl.** White quinoa.

Chenopodium quinoa. — fam. des *Chénopodées.*

Du Pérou. Annuelle. Tiges de $1^m,80$; feuilles sagittées, découpées en lobes très peu profonds, glabres, glauques, pruineuses, d'une contexture mince; fleurs petites, verdâtres, disposées en corymbes compactes. Graine discoïde, d'un jaune blond. Sa durée germinative est de 4 années. Dix grammes contiennent 4,000 graines. Le litre pèse 690 grammes.

Usage. — On mange les feuilles en guise d'épinards; au Pérou, on consomme les graines en potages, en gâteaux et même elles servent à fabriquer une sorte de bière.

Culture. — Voyez *Almanach du Bon Jardinier*, 1854, p. 533.

APIOS

TUBÉREUX.

Syn. — GLYCINE TUBÉREUSE.

Noms étr. — **Angl.** Glycine tuberous. — **Ital.** Ghianda della terra.

Apios tuberosa. — Fam. des *Légumineuses.*

De l'Amérique septentrionale. Vivace. Racines traçantes garnies de renflemens tubéreux, de la grosseur d'un œuf de poule; tiges velues, volubiles s'élevant à plusieurs mètres; feuilles ailées à six folioles avec impaire, pubescentes; fleurs portées par des pédoncules axillaires en grappes serrées, de plusieurs nuances de pourpre. La graine ne mûrit pas sous notre climat.

Usage. — Les racines dont les renflemens peuvent atteindre la grosseur du poing, sont féculentes et d'un goût agréable lorsqu'elles sont cuites à l'eau comme les pommes de terre; on a proposé cette plante comme succédanée de la pomme de terre, elle a l'inconvénient d'être très traçante, d'exiger des rames et d'ailleurs le développement de ses racines est assez lent.

ARACACHA.

Syn. — ...

Noms étr. — ....

Arachacha esculenta. — Fam. des *Ombellifères.*

De la Colombie. Vivace. Tige rameuse de 1 mètre; feuilles pinnées, à segmens pinnatifides, fleurs blanches en ombelles; graine ovale-oblongue à sillons peu

saillans; sa durée germinative est de ... année. Dix grammes contiennent .....
graines.

Usage.— On mange la racine qui est féculente et que l'on assure être comparable à la pomme de terre pour l'excellence de ses qualités : d'après Vargas, elle varie pour la couleur du blanc jaunâtre au violet.

Culture.— *Almanach du Bon Jardinier*, 1854, p. 406.

ARACHIDE.

Syn. — Pistache de terre. — Souterraine. — Anchic. — Arachine. — Fève de terre. — Noisette de terre. — Pistache d'Amérique. — Pois de terre.

Noms étr. — **Angl.** Earth-nut. — **All.** Erdeichel. — **Esp.** Alfonsigo. — **Ital.** Cece di terra.

Arachys hypogea. — Fam. des *Légumineuses.*

De l'Amérique méridionale. Annuelle. Tiges, hautes de 0^{m}20 à 0^{m}30. Feuilles alternes ailées à quatre folioles ovales ciliées, accompagnées à la base du pétiole d'une large stipule échancrée. Fleurs jaunes, solitaires dans les aisselles des feuilles. Fruit ou gousse oblong, souvent étranglé vers le centre, ou en calebasse, de forme irrégulière, réticulée, jaunâtre; contenant deux ou trois amandes de la grosseur d'un haricot, oblongues, revêtues d'une peau brune. Une particularité remarquable dans cette plante (mais qui toutefois n'est pas unique), c'est que les fleurs inférieures, les seules qui sont fertiles, insinuent leurs ovaires dans la terre où ils achèvent leur évolution. La durée germinative des graines qu'il convient, pour leur bonne conservation, de laisser dans leurs enveloppes, est d'une année environ. Dix grammes contiennent 10 gousses ou à peu près 20 graines.

Usage. — On mange l'amande crue ou grillée; c'est un mets peu délicat qui, dans les pays intertropicaux où la plante vient presque sans culture, n'est recherché que par les nègres et les enfans. L'huile que fournit la graine a des emplois économiques très importans.

ARROCHE.

Syn. — ARMOL. — ARRODE. — ARRONSE. — BELLE DAME. — BONNE DAME. — ERODE. — FOLLETTE. — IRIBE. — PRUDE FEMME.

Noms étr. — **Angl.** Orache. Mountain spinage. — **All.** Garten melde. — **Esp.** Armuelle. — **Port.** Armolas. — **Ital.** Atreplice.

Atriplex hortensis. — Fam. des *Chénopodées.*

De la Tartarie. Annuelle; à feuilles sagittées, larges d'environ 0^m,18 à 0^m,20, longues de 0^m,20, bullées, d'une consistance molle et mince, transparentes, tiges de 1^m,60 à 2 mètres, anguleuses cannelées. Fleurs apétales, très petites, verdâtres ou rouges suivant la variété, graines petites, noires, entourées d'une membrane foliacée d'un jaune blond. Sa durée germinative est de 3 années. Dix grammes contiennent environ 2,500 graines. Le litre pèse 170 grammes.

Usage. — On emploie les feuilles cuites, comme les épinards et l'oseille ou on les mêle à celle-ci pour en adoucir l'acidité.

Culture. — Voir *Almanach du Bon Jardinier*, 1854, p. 407.

ARROCHE
BLONDE.

Syn. — ....

Noms étr. — **Angl.** O. yellow or white. — **All.** G. M. gelbe. — **Ital.** A. bianca.

L'Arroche blonde, qui est probablement le type des autres variétés, est la plus cultivée; ses feuilles sont d'un vert blond presque jaune.

ARROCHE
ROUGE.

Syn. — ....

Noms étr. — ....

Les feuilles sont d'un vert jaunâtre, lavé ou mêlé de rouge; les tiges d'un rouge vif. Cette variété est moins haute, moins vigoureuse que l'Arroche blonde et un peu plus précoce.

ARROCHE
ROUGE FONCÉ.

Syn. — ....

Noms étr. — **Angl.** O. red leaved. — **All.** G. M. blutrothe. — **Ital.** A. rossa.

Cette variété est d'un rouge très intense dans toutes ses parties ; les feuilles deviennent vertes à la cuisson, comme dans la variété précédente.

Les deux variétés d'Arroche rouge sont plus précoces et moins vigoureuses que la blonde.

ARROCHE
VERTE.

Syn. — ....

Noms étr. — **Angl.** O. green leaved. — **All.** G. M. grüne.

Feuilles d'un vert intense.

ARTICHAUT.

Syn. — ....

Noms étr. — **Angl.** Artichoke. — **All.** Artischoke. — **Esp.** Alcachofa. — **Port.** Alcachofra. — **Ital.** Carciofo.

Cynara Scolymus. Fam. des *Composées.*

Originaire de Barbarie et du Midi de l'Europe. — Vivace, mais par le fait bisannuel ou trisannuel dans la culture. Tige de 1^m, 00 à 1^m, 20, droite, cannelée. Feuilles grandes, longues d'environ 1^m, d'un vert blanchâtre en dessus, cotonneuses en dessous, décurrentes sur la tige, pinnatifides à lobes étroits, décurrens sur le pétiole. Fleurs terminales, très grosses, composées d'une réunion de fleurons de couleur bleue, recouverts par des écailles charnues à la base dans les variétés cultivées. Graine oblongue, légèrement déprimée, un peu anguleuse, grise, rayée ou marbrée de brun foncé, sa durée germinative est de 5 années. Dix grammes contiennent environ 286 graines. Le litre pèse 610 grammes.

Usage. On mange la base des écailles de la fleur et le réceptacle ou cul d'Artichaut, soit cuits, soit crus. Duchesne assure que les tiges et les feuilles peuvent être usitées comme celles des cardons.

Culture. V. *Almanach du Bon Jardinier,* 1854. p. 407.

ARTICHAUT
GROS VERT DE LAON.

Syn. — ....

Noms étr. — All. A. grosse grüne.

Fruit très gros, à écailles d'un vert intense, très larges, épaisses et très charnues à la base, allongées et finissant en pointe ; peu serrées les unes contre les autres, et renversées en dehors.

Cette variété est la plus répandue aux environs de Paris, et nous la considérons comme la meilleure.

ARTICHAUT
VERT DE PROVENCE.

Syn. — ....

Noms étr. — ....

Fruit gros, mais un peu moins que celui du gros vert de Laon ; écailles d'un vert assez vif, étroites, allongées en cône aigu, surmontées d'une pointe brune très acérée, peu charnues à la base, dressées, serrées au centre, les extérieures plus écartées, mais atteignant en hauteur celles du centre. Feuilles d'un vert très prononcé.

Cette variété est très cultivée dans le Midi et estimée pour manger à la poivrade.

ARTICHAUT
VIOLET.

Syn. — ....

Noms étr. — Angl. A early purple. — All. A. grosse violette (?)

Fruit petit, en cône obtus ; écailles de couleur violette prononcée, qui tend à disparaître à mesure que le fruit grossit, assez larges et courtes, terminées par une échancrure profonde et armée d'une épine très courte ; d'étoffe mince, peu charnues à la base. Feuilles très lobées, d'un vert gris.

Cette variété, répandue dans le Midi, y est estimée pour manger à la poivrade : elle est précoce, mais par cela même sujette à souffrir des gelées tardives, et un peu délicate pour notre climat.

ARTICHAUT

CAMUS DE BRETAGNE.

Syn. — ....

Noms étr. — ....

Fruit moyen, de forme globuleuse, aplati au sommet, écailles serrées, vertes, brunâtres sur les bords, courtes, élargies en cône très obtus, de consistance mince, assez charnues à la base.

Cette espèce est répandue dans l'Anjou et dans la Bretagne, qui en fournissent nos marchés dès le mois de mai.

ARTICHAUT

DIVERSES ESPÈCES.

Il existe beaucoup d'autres variétés d'Artichaut, notamment aux environs d'Angers, où l'on distingue les suivantes :

Artichaut de Laon ou tendre ; très différent de l'artichaut de Laon cultivé aux environs de Paris, à fruit très petit, à écailles peu charnues.

Artichaut de Saint-Laud oblong ; gros fruit à écailles peu serrées et légèrement charnues.

Artichaut rond de Saint-Laud ; voisin de celui de Bretagne.

Artichaut camard mucroné de Bretagne ; à fruit déprimé, se distinguant par ses écailles surmontées d'une sorte d'éperon assez volumineux, peu charnues.

Artichaut rouge violeté ; à fruit conique, dont les écailles sont violettes à la base, vertes à la partie supérieure, peu charnues.

Artichaut violet de Saint-Laud ; à fruit un peu pyramidé, à écailles vertes, sauf la partie qui est recouverte par les autres écailles, laquelle est d'un beau violet.

Artichaut rouge foncé mucroné ; très petit fruit, remarquable par les appendices très prononcés qui surmontent le sommet des écailles.

On vend aussi sur les marchés du Midi, sous le nom d'**Artichaut gris,** une variété qui est cultivée à Perpignan.

ASPERGE.

Syn. — ....

Noms étr. — **Angl.** Asparagus. — **All.** Spargel. — **Esp.** Esparrago. — **Port.** Espargo. — **Ital.** Asparagio.

Asparagus officinalis. Fam. des *Liliacées.*

Indigène, vivace. Tige de $1^m,30$, droite, rameuse, très glabre, glauque; feuilles fasciculées, cylindriques, très minces; fleurs penchées, petites, d'un jaune verdâtre. La graine, contenue dans une baie rouge, est noire, triangulaire, assez grosse : sa durée germinative est de 4 années. Dix grammes contiennent 440 graines. Le litre pèse 854 grammes.

Usage. Les jeunes pousses.

Culture. V. *Almanach du Bon Jardinier*, 1854, p. 410.

ASPERGE
DE HOLLANDE.

Syn. — ASPERGE DE MARCHIENNES. — ASPERGE DE VENDÔME. — A. VIOLETTE. — A. DE GAND. — A. DE BESANÇON. — A. DE POLOGNE.

Noms étr. — **Angl.** A. giant purple top.

Pousse (l'asperge proprement dite) blanche, avec l'extrémité colorée en violet au moment où elle sort de terre, grosse, et atteignant quelquefois jusqu'à 4 centimètres de diamètre, tendre et fort estimée; toutefois, le volume qu'elle peut acquérir et ses qualités dépendent principalement de la culture et de la terre où elle croît. Les cultivateurs soigneux des environs de Paris s'appliquent à créer des sous-variétés en visant surtout à la précocité; parmi celles-ci ils distinguent celle à BOUT ROSE, qui serait plus précoce et moins sujette à être amère.

ASPERGE
D'ALLEMAGNE.

Syn. — A. D'ULM.

Noms étr. — ....

Cette variété est très voisine de celle de Hollande; elle est un peu plus précoce et l'extrémité de la pousse est plus violette.

ASPERGE

VERTE.

Syn. — A. COMMUNE. — A. D'AUBERVILLIERS.

Noms étr. — **Angl.** S. common.

Elle se distingue de l'Asperge de Hollande en ce que, toutes circonstances égales, la pousse est moins grosse; elle est également colorée de violet, mais d'une teinte moins vive et mêlée de vert; la tige, lorsqu'elle est montée, est plus menue et sensiblement plus verte.

Le nom de cette variété pourrait faire croire que c'est elle qui fournit particulièrement l'asperge dite *asperge verte*; il n'en est rien, et l'asperge verte est également le produit de l'asperge de Hollande, sous l'influence d'une culture spéciale ou lorsqu'elle est coupée quand les feuilles commencent à se développer.

AUBERGINE.

Syn. — ALBERGINE. — AMBERGINE. — BÉRINGÈNE. — BRÉHÈME. — BRINGÈLE. — MARIGNAN. — MAYENNE. — MELANZANE. — MÉLONGÈNE. — MÉRANGÈNE. — MERINGEANE. — MERINJEANE. — OEUF VÉGÉTAL. — PONDEUSE. — VERINGEANE. — VIÉDASE.

Noms étr. — **Angl.** Egg-plant. — **All.** Eierpflauze. — **Esp.** Berengena. — **Port.** Bringela. — **Ital.** Marmigiani.

Solanum melongena. — Fam. des *Solanées*.

De l'Amérique méridionale. Annuelle. Tige dressée, ramifiée; feuilles entières, oblongues, d'un vert bleuâtre et couvertes d'une poussière blanchâtre; fleurs attachées dans les aisselles des branches par un pédicelle court, à corolle monopétale, d'un pourpre violacé. Graine jaunâtre, déprimée, réniforme, petite. Sa durée germinative est de 7 années. Dix grammes contiennent 2,800 grains. Le litre pèse 538 grammes.

Usage. — On mange le fruit cuit, cru ou confit; il est très recherché dans le Midi, dans les colonies, aux Etats-Unis, etc.

Culture. — Voyez *Almanach du Bon Jardinier*, 1854, p. 501.

AUBERGINE
VIOLETTE LONGUE.

Syn. — Aubergine de Narbonne.

Noms étr. — Angl. Egg-plant long purple.

Cette variété, qui est la plus commune, produit un fruit long de 20 centimètres et large de 8 centimètres environ dans son plus grand diamètre, de couleur pourpre violet plus ou moins intense.

AUBERGINE
VIOLETTE RONDE.

Syn. — ....

Noms étr.. — ....

Le fruit est plus gros, plus court que dans la variété précédente, mais non complètement sphérique, étant ordinairement plus aminci du côté du pédoncule.

AUBERGINE
PANACHÉE DE LA GUADELOUPE.

Syn. — ....

Noms étr. — ....

Fruit presque ovoïde, plus petit que dans les deux variétés violettes précitées; blanc panaché et fouetté de rouge.

AUBERGINE
BLANCHE LONGUE DE CHINE.

Syn. — ....

Noms étr. — ....

Le *facies* de cette plante est tellement différent de celui des autres, qu'elle pourrait peut-être constituer une espèce botanique plutôt qu'une variété : elle est moins élevée, les feuilles sont d'un vert moins intense; les fruits sont blancs, longs d'environ 20 centimètres, étroits, pointus, ordinairement recourbés vers l'extrémité qui porte à terre et ressemblent un peu à un concombre : elle est plus tardive que les autres variétés et mûrit encore plus difficilement ses graines sous notre latitude.

AUBERGINES

DIVERSES.

De Catalogne. — 1852. Fruit long ou obrond, paraissant devoir venir plus gros que celui des variétés violette longue et ronde ordinaires; tiges épineuses. La graine n'a pas mûri dans notre culture.

De Murcie. — 1852. Fruit violet, rond, marqué de quelques côtes; tiges et feuilles épineuses, feuilles plus lobées que dans notre violette ronde ordinaire, nervures colorées de violet plus intense.

Large purple, des États-Unis, 1854. — Fruit violet, strié de vert près du calice, long de 0^m 21 sur 0^m 18 dans son plus grand diamètre, et pesant 2 k. 050, pour l'exemplaire dont nous citons les dimensions, qui sont souvent dépassées dans cette variété.

BASELLE

BLANCHE.

Syn. — Épinard blanc d'Amérique. — Épinard blanc du Malabar.

Noms étr. — **Angl.** Malabar nightshade white. — **All.** Indischer spinat. — **Esp.** Acelgas de la China.

Basella alba. — Fam. des *Chénopodées.*

Des Indes Orientales. Bisannuelle (annuelle dans la culture). Tiges sarmenteuses de 1^m,50 à 2 mètres, garnies de feuilles alternes, ovales entières, un peu ondées, charnues, vertes; fleurs petites, verdâtres en épi. Graine ronde, portant les vestiges de la pulpe et du calice qui sont persistans; sa durée germinative est de 3 années. Dix grammes contiennent environ 370 graines. Le litre pèse 51 grammes.

Usage. — Les feuilles se mangent en guise d'épinards et fournissent abondamment pendant tout l'été, la plante poussant d'autant plus vigoureusement qu'il fait plus chaud.

Culture. — Voyez *Almanach du Bon Jardinier*, 1854, p. 416.

BASELLE

ROUGE.

Syn. — Épinard rouge d'Amérique. — Épinard rouge du Malabar.

Noms étr. — **Angl.** Red Malabar nightshade.

Basella rubra. — Fam. des *Chénopodées*.

De la Chine. Bisannuelle (annuelle dans la culture). Cette espèce ne diffère de la baselle blanche qu'en ce que toutes ses parties sont teintes de rouge pourpre. Graine semblable à celle de la baselle blanche.

BASELLE

A TRÈS LARGE FEUILLE, DE CHINE.

Syn. — ....

Noms étr. — ....

Basella cordifolia. — Fam. des *Chénopodées*.

De la Chine. Tiges plus grosses, moins sarmenteuses que dans les deux espèces précédentes; feuilles vertes, grandes comme celle de la laitue, rondes, un peu en coquille, très épaisses et charnues; fleurs petites, verdâtres. Graine ronde, de la même forme et couleur que celle de la baselle blanche, mais un peu plus grosse. Dix grammes contiennent environ .... graines. Elle est très lente à monter et préférable aux baselles blanche et rouge.

BASILIC

GRAND.

Syn. — Basilic aux sauces. — Basilic des cuisiniers. — Grand basilic. — Herbe royale.

Noms étr. — **Angl.** Basil sweet. — **All.** Basilicum grosser. — **Esp.** Albahaca — **Port.** Manjericao. — **Ital.** Basilico maggiore.

Ocymum basilicum. — Fam. des *Labiées*.

Tige de 0m,30, très rameuse, à feuilles vertes, ovales lancéolées; fleurs blanches en grappes verticillées. Graine petite, noire oblongue; sa durée germinative est de 6 ans. Dix grammes contiennent environ 8,000 graines. Le litre pèse 530 grammes.

Usage. — Les feuilles sont très aromatiques, et employées comme condiment.
Culture. — Voir *l'Almanach du Bon Jardinier*, 1854, p. 417.

BASILIC
GRAND VIOLET.

Syn. — ....

Noms étr. — **Angl.** Basil sweet purple. — **All.** Basilicum violetter. **Ital.** Basilico nero.

Variété du basilic grand commun; il n'en diffère que par la couleur de ses feuilles et de ses fleurs.

BASILIC
A FEUILLE DE LAITUE.

Syn. — ....

Noms étr. — ....

Variété à feuilles d'un vert blond très larges, cloquées et rappelant un peu les feuilles de la laitue pommée.

BASILIC
FIN VERT.

Syn. — PETIT BASILIC.

Noms étr. — **Angl.** Basil bush. — **All.** Basilicum feiner krauser. — **Ital.** Basilico minore.

Ocymum minimum. — Fam. des *Labiées*.

Tige de 0^m,20, très ramifiée; feuilles vertes, petites, ovales; fleurs blanches verticillées. Graine noire, petite, oblongue : sa durée germinative est de .... ans. Dix grammes contiennent environ 8,000 graines.

Usage. Le même que celui du B. grand vert.

BASILIC
FIN VIOLET.

Syn. — ....

Noms étr. — **Angl.** Basil bush purple. — **All.** Basilicum fein violetter. — **Ital.** Bassilico pino nero.

Variété du B. fin vert, qui n'en diffère que par la couleur des feuilles.

BETTERAVE.

Syn. — Racine d'abondance. — Bette. — Betterave. — Réparée.

Noms étr. — **Angl.** Beet root. Mangel Wurzel. Scarcity. — **All.** Runkelrübe. — **Esp.** Betarraga. — **Port.** Betarava. — **Ital.** Barba.

Beta vulgaris. — Fam. des *Chénopodées.*

De l'Europe méridionale. Bisannuelle. Tige de 1^m,50, droite, anguleuse; feuilles entières, longuement pétiolées; fleurs petites, sessiles, en épi. Graine noire, réniforme, renfermée dans la base du calice et comme dans une capsule : la réunion de plusieurs calices soudés ensemble forme une espèce de fruit d'un brun jaunâtre et de la grosseur d'un pois, auquel on donne le plus ordinairement le nom de graine. La durée germinative de la graine est de 5 ans. Dix grammes contiennent environ 489 fruits ou graines, renfermant chacun de 2 à 4 semences. — Le litre pèse environ 250 grammes.

Usage. On mange les racines cuites ou confites au vinaigre ou au sucre; on mange aussi quelquefois, en salade, les jeunes pousses des feuilles blanchies à la cave par la privation de la lumière.

Culture. V. *Almanach du Bon Jardinier*, 1854, p. 417.

BETTERAVE
ROUGE GROSSE.

Syn. — B. rouge écarlate.

Noms étr. — **Angl.** Beet root large red.

Racine longue de 0^m,45, sur 0^m,10 dans son plus grand diamètre, assez régulièrement cylindrique dans presque toute sa longueur, mais pas toujours très nette, à collet sortant de terre d'environ 0^m, 15 à 0^m, 20 ; à peau noir violacé ; chair rouge foncé ; feuilles rouge noir, à pétioles rouge de sang, amples, nombreuses, dressées.

C'est la variété la plus ordinairement cultivée aux environs de Paris, pour cuire ; sa chair est ferme et de bonne qualité.

BETTERAVE
ROUGE DE CASTELNAUDARY.

Syn. — ....

Noms étr. — ....

Racine longue de 0^m, 30 sur 0^m, 05 de diamètre au sommet, élargie au collet et de forme très effilée, souvent bifurquée et racineuse ; à peau noire, légèrement chagrinée ou rugueuse ; entièrement enterrée. Chair serrée, rouge foncé, très sucrée. Feuilles petites, de couleur rouge de sang, à longs pétioles, celles du centre dressées, ayant un port particulier, celles de la circonférence étalées horizontalement, nombreuses et formant plusieurs bouquets distincts qui partent du collet.

BETTERAVE
ROUGE NAINE.

Syn. — ....

Noms étr. — Angl. Beet root fine dwarf red.

Petite racine régulière, fusiforme, longue de 0^m, 25, sur un diamètre de 0^m,08 au sommet, nette et peu racineuse ; peau lisse, d'un rouge violacé ; chair rouge violacée, très fine et serrée. Feuilles petites, horizontales et presque appliquées sur terre, assez cloquées, à pétiole court, rouge foncé.

Cette race, d'origine américaine, est très jolie et nous paraît préférable à la B. rouge de Castelnaudary.

BETTERAVE
ÉCORCE.

Syn. — B. CRAPAUDINE.— B. ÉCORCE DE CHÊNE.— B. NOIRE ÉCORCE DE SAPIN. — B. PRÉCOCE NOIRE.

Noms étr. — ....

Racine fusiforme assez grosse vers le sommet, dont le diamètre est d'environ

0^m, 10, longue de 0^m, 30, rétrécie vers le milieu et effilée à la base; complétement enterrée, peau brune, rugueuse et marquée de stries, comme certaines écorces (d'où lui vient son nom); chair rouge vif. Feuilles vert foncé un peu lavé de rouge, à nervures et à pétiole rouge violacé, nombreuses et tendant à se tenir horizontalement.

Cette variété est précoce et répandue dans l'Anjou.

BETTERAVE
ROUGE DE WHYTE.

Syn. — ....

Noms étr. — **Angl.** Beet root Whyte's dark crimson.

Racine fusiforme, large de 0^m, 12, longue de 0^m, 40 environ, marquée de côtes qui se continuent sur sa longueur et lui donnent un aspect anguleux; à peau noire, lisse; le collet est large et se prolonge hors de terre, à 0^m, 10 environ, en un cône qui supporte les pétioles des feuilles. Chair rouge noirâtre, marquée de zones de couleur plus intense et qui semblent entrelacées; elle est serrée et très sucrée. Feuilles rouge foncé à reflets rouge brun, celles du centre dressées, celles de la circonférence étalées horizontalement.

Cette variété est très estimée en Angleterre, d'où nous l'avons reçue en 1848.

BETTERAVE
ROUGE LISSE.

Syn. — ....

Noms étr. — **Angl.** Beet root smooth long blood. — B. early red Radish.

Racine longue de 0^m, 36 sur 0^m, 12 dans son plus grand diamètre, très régulière, en forme de rave, sortant de 0^m, 10 hors de terre; peau lisse, de couleur rouge noir; chair rouge foncé. Feuilles rouge vif légèrement nuancé de vert, assez petites, dressées.

Cette variété est très cultivée aux États-Unis, d'où nous l'avons reçue.

BETTERAVE
ROUGE RONDE PRÉCOCE.

Syn. — ....

Noms étr. — ....

Racine large de 0^m, 14 au collet, longue de 0^m, 25 environ, pyriforme, souvent peu nette; à écorce rouge très foncé, un peu rugueuse; chair assez serrée, rouge foncé, ayant une grande tendance à perdre l'intensité de sa couleur. Feuilles moyennes, rouge foncé mêlé de vert, à pétioles rouges ou roses.

BETTERAVE
TURNEP ROUGE HATIVE.

Syn. — ....

Noms étr. — **Angl.** Beet root early blood turnip.

Racine petite, mesurant 0m,10 dans l'axe du pivot sur 0m,11 dans son plus grand diamètre, à collet très fin, racine pincée, menue, de forme régulière, presque totalement enterrée; à peau rouge, lisse; chair très rouge. Feuilles de couleur rouge intense, dressées, très peu nombreuses.

Excellente race, hâtive et de bonne garde, la plus estimée des betteraves potagères, aux États-Unis, d'où nous l'avons reçue.

BETTERAVE
ROUGE PLATE DE BASSANO.

Syn. — ....

Noms étr. — **Angl.** Beet root turnip-rooted Bassano. B. early flat Bassano.

Racine aplatie, large de 0m,20 sur 0m,10 environ d'épaisseur, terminée par une queue amincie, peu régulière et marquée de gibbosités en forme de côtes; la partie supérieure de la racine, en partie hors de terre, est colorée de brun; la partie en terre a la peau rose violacé, de contexture assez fine; chair blanche marquée de zones roses, peu serrée, très sucrée. Feuilles d'un vert vif, à nervures et à pétiole blanc-verdâtre lavé de rose, courtes, érigées, nombreuses et formant plusieurs touffes distinctes qui couvrent toute la surface du collet.

BETTERAVE
GLOBE ROUGE.

Syn. — ....

Noms étr. — **Angl.** Mangel wurzel red globe — **All.** Runkel-rübe rothe Kügel.

Racine presque sphérique, un peu allongée en poire vers l'extrémité inférieure, large de 0m,20 environ dans son plus grand diamètre, sortant au tiers hors de terre; peau rose violacé clair, lisse, brune sur la partie qui est hors de terre; chair blanche, rarement zonée de rose. Feuilles vert blond un peu jaunâtre, pétiole vert pâle, rarement veiné de rouge.

Cette variété, qui est estimée en Angleterre, paraît moins bien appropriée à notre climat, et on lui préfère généralement la globe jaune.

BETTERAVE
DISETTE.

Syn.—BETTERAVE CHAMPÊTRE.—RACINE DE DISETTE.—BETTERAVE DISETTE EN TERRE. — BETTERAVE ROUGE DES CHAMPS.

Noms étr. — Angl. Mangel wurzel long red. — All. Rünkebrübe rothe kurze dicke.

Racine fusiforme, terminée en cône obtus au sommet et en pointe plus ou moins effilée à la base; longue de 0m,35 sur 0m,15 de diamètre vers le sommet, sortant de terre d'environ 0m,10 à 0m,15; peau rose violacé dans la partie souterraine, rouge brun dans la portion extérieure. Feuilles vertes à pétiole et à nervures fréquemment colorés de rose, généralement plus nombreuses et plus amples que dans la betterave disette d'Allemagne. Chair blanche zonée de rouge.

Cette variété, qui est la plus répandue en grande culture, est aussi l'une des plus productives; elle atteint quelquefois un volume considérable et il n'est pas rare d'en obtenir un produit de 60,000 kilog. par hectare.

BETTERAVE
DISETTE D'ALLEMAGNE.

Syn. — BETTERAVE DISETTE HORS DE TERRE. — BETTERAVE DISETTE DE RIGA.

Noms étr.—All. Rünkel-Rübe aus der erde wachsende oder turnips.

Sous-variété à racine très volumineuse, longue de 0m,50 sur 0m,18 dans son plus grand diamètre, presque régulièrement cylindrique, finissant en cône obtus, à collet fin, sortant à moitié hors de terre, ordinairement plus nette, moins racineuse que la betterave disette ordinaire; chair blanche marquée de zones rouges, plus colorées que dans cette dernière. Feuilles de la même couleur, plus dressées. Elle est plus volumineuse, plus productive que l'ancienne race, plus facile à arracher et généralement préférée. On peut évaluer son produit moyen à 60,000 kil. par hectare.

BETTERAVE
DISETTE HATIVE.

Syn. — ....

Noms étr. — **Angl.** Mangel Wurzel early scarcity.

Racine proportionnellement petite, très régulière et nette, rétrécie au collet qui est de 0m,05 environ hors de terre ; la partie souterraine régulièrement conique ; peau rose violacé, de couleur plus intense que dans les deux premières variétés. Chair blanche nuancée de zones rouges assez légères. Feuilles vertes à pétiole rose, ayant une tendance à se tenir horizontalement.

Cette sous-variété, que nous avons reçue d'Amérique, est d'une grande perfection de forme ; elle est plus petite que les précédentes, et pour en obtenir un produit à peu près équivalent, il faudrait sans doute la planter ou la semer beaucoup plus épais.

BETTERAVE
DISETTE CORNE DE BOEUF.

Syn. — BETTERAVE SERPENT.

Noms étr. — ....

Sous-variété sortant presque entièrement hors du sol auquel elle ne tient que par son extrémité, longue de 0m,70 sur 0m,07 dans son plus grand diamètre, mince, souvent sillonnée dans le sens de sa longueur, contournée, entraînée qu'elle est par le poids des feuilles ou renversée par le vent ; chair blanc-verdâtre, marquée de zones rouges vers l'axe de la racine ; feuilles vertes à nervures et à pétioles colorés de rose, dressées, peu amples.

Cette race, quoique moins productive que les deux autres variétés de la betterave disette, est recherchée dans quelques départemens du Nord et de la Normandie.

BETTERAVE
DISETTE BLANCHE A COLLET VERT.

Syn. — BETTERAVE BLANCHE A COLLET VERT HORS DE TERRE.

Noms étr. — **All.** Rünkel-Rübe grosse langeweisse aus der Erde wachsende oder Turnips.

Racine cylindrique dans les deux tiers de sa longueur, terminée en cône obtus, longue de 0m,45 sur 0m,14 environ, très volumineuse, sortant de terre de moitié environ de sa longueur ; à peau verte dans la partie hors de terre, blanche dans la portion inférieure ; chair blanche. Feuilles vertes, assez amples, moins nombreuses que dans la betterave blanche à sucre.

Cette variété, qui se produit quelquefois dans la betterave disette rose ordinaire, paraît très bonne pour la nourriture des bestiaux ; elle a été adoptée presque exclusivement par M. Chenu, agriculteur distingué, qui nous l'a communiquée.

BETTERAVE
BLANCHE.

Syn. — A SUCRE. — DE SILÉSIE.

Noms étr. — **Angl.** Mangel Wurzel white sugar. — **All.** Zucker Rünkel-rübe âchte weisse in der Erde wachsende.

Racine fusiforme, rétrécie au collet, longue de 0m,36, large de 0m,18 environ vers le sommet ; régulière, presque enterrée ; blanche, colorée de vert ou de rose au collet ; chair blanche, très sucrée. Feuilles vertes à pétioles nuancés de rose ou vert suivant la race.

Cette variété est presque exclusivement employée pour la fabrication du sucre et de l'alcool. Quelques fabricans préfèrent ou la sous-variété à collet rose ou celle à collet vert ; la première serait plus grosse, plus productive et se conserverait mieux dans les silos ; la seconde serait plus sucrée ; il est très difficile de les maintenir pures et séparées l'une de l'autre.

BETTERAVE
BLANCHE DE MAGDEBOURG.

Syn. — ....

Noms étr. — ....

Sous-variété de la blanche à sucre, à racine petite, élargie au sommet, très effilée ; collet vert, feuilles assez petites, ondulées et frisées sur les bords, d'un aspect particulier, assez nombreuses.

BETTERAVE
BLANCHE PLATE DE VIENNE.

Syn. — ....

Noms étr. — All. Rünkel-rübe gelbe runde teller.

Racine de forme déprimée, rarement discoïde, presque pyriforme, mesurant 0m,18 dans son plus grand diamètre, à collet affleurant le sol; chair blanche. Feuilles d'un vert assez vif, à nervures et à pétiole blanc verdâtre, très dressées, nombreuses.

Cette variété, que nous avons reçue d'Allemagne, il y a quelques années, paraît se recommander plutôt par la singularité de sa forme que par sa qualité.

BETTERAVE
JAUNE GROSSE.

Syn. — ....

Noms étr. — Angl. — Mangel-Wurtzel Yellow or golden.

Racine longue, assez régulièrement cylindrique dans les deux tiers de sa longueur, mais souvent déformée par des racines adventives, longue de 0m50 sur 0m,12 environ de diamètre, sortant de terre de 0m,20 environ; peau jaune tirant sur l'orange; chair jaune pâle zoné de blanc, peu serrée, sucrée. Feuilles assez amples, vert blond, avec les nervures colorées de jaune pâle, pétiole jaune.

Cette variété, très cultivée aux environs de Paris, est estimée par les nourrisseurs à cause de la couleur qu'elle donne au lait; mais elle vient rarement sur le marché.

A Aubervilliers, on estime la moyenne de son produit à 38,000 kilog. par hectare.

BETTERAVE
JAUNE DE CASTELNAUDARY.

Syn. — ....

Noms étr. — ....

Racine fusiforme, complétement enterrée, longue de 0m,25, élargie au sommet dont le diamètre est de $0^m,06$ environ, sujette à se bifurquer ; peau jaune orange ; chair jaune foncé, nuancé de zones blanchâtres, fine, serrée et très sucrée. Feuilles petites, nombreuses, se tenant horizontalement et comme appliquées sur le sol, d'un vert blond, généralement cloquées et ondulées sur les bords, à nervures et à pétiole jaune verdâtre.

Cette race est très bonne, mais elle est sujette à dégénérer.

BETTERAVE
JAUNE D'ALLEMAGNE.

Syn. — ....

Noms étr. — **Angl.** Mangel Wurzel long yellow. — **All.** Rünkelrübe lange gelbe.

Racine sortant à moitié hors de terre, longue, cylindrique dans les deux tiers de sa longueur, se terminant en pointe obtuse, souvent déformée par des racines adventives, longue de $0^m,40$ et large de $0^m,15$ environ, atteignant souvent un volume considérable et un poids de 5 à 6 kilog ; peau brun verdâtre sur la partie de la racine qui sort de terre, jaune pour celle qui est enterrée ; chair blanche, rarement zonée de jaune. Feuilles d'un vert très blond, à nervures et à pétioles vert pâle, assez peu nombreuses, dressées, de dimension moyenne.

Cette espèce, qui est productive, est beaucoup moins convenable pour le potager que pour la grande culture.

Nous avons cultivé antérieurement, sous le nom de betterave JAUNE A CHAIR BLANCHE, une race sinon tout à fait semblable à celle-ci, du moins tellement voisine que nous l'avons abandonnée pour la jaune d'Allemagne qui était plus fréquemment demandée.

BETTERAVE
JAUNE DES BARRES.

Syn. — ....

Noms étr. — . ..

Racine de forme ovoïde, très nette et belle, longue de $0^m,30$ sur $0^m,20$ environ dans son plus grand diamètre, chair blanche. Feuille d'un vert très blond, à nervures et à pétiole vert pâle.

Cette belle race, que M. Vilmorin père a obtenue au moyen d'un choix successif de racines élitées dans la betterave jaune d'Allemagne, est intermédiaire entre celle-ci et la jaune globe, et participe de la qualité de ces deux variétés.

BETTERAVE
JAUNE GLOBE.

Syn. — ....

Noms étr. — **Angl.** Mangel Wurzel yellow globe.— **All.** Rünkelrübe runde gelbe Kugel.

Racine presque sphérique, de 0^m,25 de diamètre environ, sortant à moitié hors de terre, et atteignant assez communément un poids de 5 kilog; à peau jaune dans la partie souterraine, brun jaunâtre dans la partie qui est hors du sol; chair blanche, quelquefois marquée de zones jaunes, serrée et sucrée. Feuilles vertes, peu amples, peu nombreuses, à nervures et pétiole vert pâle, quelquefois jaunâtres, assez dressées.

Cette espèce est très productive et paraît particulièrement convenable pour la nourriture des bestiaux. D'après une analyse récente que nous avons faite, elle contiendrait une proportion notable d'albumine; elle a, en outre, l'avantage de pousser tardivement et de se conserver fort tard en saison; elle convient pour les terres lourdes et compactes, et, dans un sol de cette nature, elle a produit, chez M. Garceau, jusqu'à 80,000 kilog. par hectare.

On peut trouver indiquée sur nos précédens catalogues, et dans des éditions encore récentes de l'*Almanach du Bon Jardinier*, la Betterave JAUNE RONDE que nous avons cultivée jusqu'à l'introduction de la B. jaune globe; celle-ci, qui en est très voisine et qui, probablement, en est sortie, nous ayant paru supérieure, nous avons abandonné la jaune ronde.

BETTERAVES
DIVERSES.

Argentée, 1850, a produit un mélange de Betterave blanche à sucre et de Betterave disette.

Blanche à sucre de Sibérie, demi-longue, à feuilles étroites. 1843. Racine très petite, enterrée, demi-longue; feuilles lancéolées très étroites : sans autre mérite que la singularité de sa feuille.

Jaune à salade, 1852. Racine enterrée, à peau jaune et à chair blanche, intermédiaire pour la forme entre la jaune globe et la jaune d'Allemagne, ou peut-être l'ancienne race de B. jaune à chair blanche.

Longue anglaise. 1852. Race voisine de la B. rouge naine.

Fine red. 1848. Racine demi-longue, pyriforme; écorce rosée, chair rouge clair.

Long deep red. 1848. Très voisine de la rouge Castelnaudary, si ce n'est la même.

Very dark red. 1848. Race peu sensiblement différente de *long deep red*.

Half long blood. 1850. Racine rouge demi-longue, chair très rouge, feuilles d'un vert intense, à nervures et à pétiole rouge ou lavés de rouge, nombreuses, ayant une tendance à se tenir horizontalement. Cette variété n'a rien de remarquable.

Cattell's dwarf blood. 1853. Racine petite, bien effilée, chair rouge intense; feuilles petites, rouge vif, se tenant horizontalement : race voisine de la rouge de Castelnaudary.

Oberndorf gelbe runde. 1852. Race voisine ou analogue à notre jaune d'Allemagne.

Oberndorf rothe runde. 1852. Race analogue à notre Betterave disette.

Zuckerrunkelrübe achte gelbe in der Erde wachsende 1847. Racine demi-longue, à chair jaune.

BOURRACHE

OFFICINALE.

Syn. — BOURRACHE BATARDE. — FAUSSE BOURRACHE. — LANGUE DE BOEUF. — LANGUE D'OIE.

Noms étr. — **Angl.** Borage. — **All.** Borasch. — **Esp.** Borraja. — **Port.** Borrajem. — **Ital.** Borragine.

Borrago officinalis. — Fam. des *Borraginées.*

De l'Orient. Annuelle. Tige de 0^m, 60, fistuleuse, hérissée de poils piquans; feuilles alternes, ovales, velues comme les tiges; fleurs en corymbe, larges de 0^m,02 à 0^m, 03, d'un beau bleu dans la variété la plus commune, quelquefois rouge violacé ou blanches. Graine assez grosse, oblongue, légèrement courbée, marquée par une arête médiane et striée, étranglée, puis évasée vers le hile qui est blanc et mamelonné : sa durée germinative est de 3 ans. Dix grammes contiennent 624 graines. Le litre pèse 478 grammes.

Usage. Les fleurs servent pour l'ornement des salades; d'après Duchesne, en

Angleterre et en Italie on mange les feuilles et les fleurs cuites ou frites.
Culture. V. *Almanach du Bon Jardinier,* 1854, p. 418.

CAPRIER.

Syn. — Taperier des Provençaux

Noms étr. — **Angl.** Caper-tree. — **All.** Kaperstrauch. — **Esp.** Alcaparro. — **Port.** Alcaparreira. — **Ital.** Capparo.

Capparis spinosa. — Fam. des *Capparidées.*

De la France méridionale. Arbuste de 1^m à 1^m,50, à rameaux nombreux armés d'épines géminées, recourbées; feuilles alternes arrondies, épaisses et luisantes; fleurs de 0^m,04 à 0^m,05 de diamètre, blanches, légèrement rosées, d'un très bel effet. Graine assez grosse, réniforme, brun grisâtre : sa durée germinative est de ..... ans; dix grammes contiennent environ 4,500 graines.

Usage. On emploie sous le nom de Câpres les boutons à fleurs confits au vinaigre; on utilise aussi les jeunes fruits sous le nom de cornichons du Caprier et les jeunes pousses.

CAPUCINE

GRANDE.

Syn. — Cresson du Mexique. — Fleur de Sang. — Fleur Sanguine. — Grand cresson d'Inde. — Grand cresson du Pérou.

Noms étr. — **Angl.** Nasturtium tall. Indian cress. — **All.** Kresse Indianische. — **Esp.** Capuchina. — **Port.** Chagas. — **Ital.** Astuzzia maggiore.

Tropæolum majus. — Fam. des *Géraniées.*

Du Pérou. Annuelle. Tiges succulentes, faibles et pouvant s'élever jusqu'à 2 ou 3 mètres lorsqu'elles ont un appui; feuilles alternes, longuement pétiolées, peltées, entières ou à 5 lobes obtus presque glabres; fleurs portées sur un long pédoncule, grandes, à 5 pétales, de couleur orange, marquées de taches pourpres sur les deux pétales supérieurs. Graine grosse, triangulaire, convexe sur l'un des côtés, sillonnée et ridée, jaunâtre : sa durée germinative est de 5 ans ; dix grammes contiennent 62 graines. Le litre pèse 300 grammes.

Usage. Les fleurs sont employées comme ornement pour la salade ; les boutons à fleurs et les fruits confits au vinaigre servent en assaisonnement comme les câpres.

Culture. V. *Almanach du Bon Jardinier*, 1854, p. 418.

CAPUCINE
GRANDE A FLEUR BRUNE.

Syn. — C. D'ALGER

Noms étr. — **Angl.** Nasturtium dark. — **All.** Kresse Indianische dunkelblutroth.

Variété de la Capucine grande à fleur rouge pourpre rembruni.

CAPUCINE
GRANDE A FLEUR PANACHÉE.

Syn. — ....

Noms étr. — ....

Variété de la Capucine grande marquée d'une tache pourpre sur chaque pétale.

CAPUCINE
PETITE.

Syn. — ....

Noms étr. — **Angl.** Nasturtium dwarf. — **All.** Kresse Indianische kleine. — **Ital.** Astuzzia caramindo minore.

Tropæolum minus. — Fam des *Géraniées*.

Du Pérou. Annuelle. Plus petite dans toutes ses parties que la Capucine grande, tige moins élancée et pouvant se passer d'appui ; feuilles presque rondes ; fleurs à pétales aigus, les deux inférieurs marqués d'une tache pourpre. Graine de même forme, plus petite, en général plus ridée et plus brune ; sa durée germinative est de 5 ans ; dix grammes contiennent 135 graines.

Usage. Les mêmes que ceux de la C. grande ; pour l'emploi des graines à l'instar des câpres, on préfère la C. petite qui fleurit plus abondamment.

CAPUCINE
TUBÉREUSE.

Syn. — ....

Noms étr. — ....

Tropœolum tuberosum. — Fam. des *Géraniées*.

De l'Amérique méridionale. Vivace. Racine tubéreuse, conique, marquée de renflemens en forme d'écailles, de la grosseur d'un œuf de poule, jaune fouetté de rouge, d'un aspect agréable ; tiges très ramifiées, faibles, s'élevant à environ 1 mètre ; feuilles peltées et divisées en 3 à 5 lobes obtus, pétioles rouges ; fleurs moyennes jaune nuancé d'orange. Graine.... ? mûrissant très rarement sous notre climat : la multiplication a lieu au moyen des tubercules.

Usage. On mange les tubercules après les avoir, au préalable, blanchis à l'eau ; mais ils nous ont toujours semblé d'une saveur particulière peu agréable.

Culture. V. *Almanach du Bon Jardinier*, 1854, p. 418.

CARDON

Syn. — CARDONNETTE. — CHARDONNERETTE. — CHARDONNETTE.

Noms étr. — **Angl.** Cardoon. — **All.** Carde. — **Esp.** Cardo. — **Port.** Cardo. — **Ital.** Callio.

Cynara cardunculus. — Fam. des *Composées*.

De l'île de Candie. Vivace. Tige de 1m,60 à 2m ; cannelée, cotonneuse ; feuilles très grandes, pinnatifides, armées à l'angle de chaque division d'épines jaunâtres qui disparaissent dans certaines variétés, à côtes charnues, creusées en gouttière, larges de 0m,04 à 0m,05, d'un vert glauque, recouvertes d'un duvet blanchâtre. Fleur très grosse, ressemblant à celle de l'artichaut, composée d'un grand nombre de fleurons de couleur bleue, recouverts par des écailles, pointues, légèrement charnues à la base. Graine grosse, oblongue, un peu aplatie et anguleuse, grise, fouettée ou rayée de brun foncé : sa durée germinative est de 7 années ; dix grammes contiennent 40 graines. Le litre pèse 590 grammes.

Usage. On mange les côtes qui sont un très bon légume pour l'hiver ; Thouin assure que la racine qui est charnue et tendre est d'une saveur agréable quand elle est cuite.

Culture. V. *Almanach du Bon Jardinier*, 1854, p. 418.

CARDON

DE TOURS.

Syn. — ....

Noms étr. — **Angl.** Cardoon prickly solid. — **All.** Carde grosse von Tours.

Côtes épaisses charnues et pleines ou presque toujours pleines. Feuilles armées de piquans.

Cette variété est celle que les jardiniers maraîchers de Paris cultivent malgré l'inconvénient de ses épines.

CARDON

D'ESPAGNE.

Syn. — CARDON DE QUAIRS.

Noms étr. — **Angl.** Cardoon spanish large. — **All.** Carde spanische.

Côtes un peu plus aplaties que dans le cardon de Tours, creuses ou demi-creuses. Feuilles dépourvues d'épines.

Cette variété est la plus répandue dans le Midi de la France ; elle est un peu sujette à monter.

CARDON

PLEIN INERME.

Syn. — ....

Noms étr. — **Angl.** Cardoon smooth solid.

Très belle variété à côtes un peu moins larges que celles du cardon de Tours, mais aussi épaisses et pleines ; à feuilles dépourvues d'épines.

CARDON

A COTES ROUGES.

Syn. — ....

Noms étr. — **Angl.** Cardoon new large purple.

Belle variété à côtes très larges et pleines et à feuille douce ; plus récente que les autres dans la culture et dont nous devons la connaissance à M. de la Tour-Gouffé.

CARDON

PUVIS (DE BOURG).

Syn. — A FEUILLE D'ARTICHAUT. — A FLÈCHE.

Noms étr. — ....

Variété remarquable par l'ampleur de ses feuilles qui sont plus courtes que dans les autres variétés, molles et inclinées à l'extrémité, à lobe terminal très large en forme de fer de lance (d'où vient sans doute son nom de cardon à flèche), douces et à côtes très larges, ordinairement demi-pleines ou creuses.

Cette variété est répandue et très estimée à Bourg et dans les environs de Lyon ; elle nous a été communiquée par le célèbre agronome M. Puvis dont nous lui avons donné le nom.

CAROTTE

Syn. — PASTENADE. — PASTONADE. — GIROUILLE. — FAUX-CHERVIS.

Noms étr. — **Angl.** Carrot. — **All.** Möhre. — **Esp.** Zanahoria — **Port.** Cenoura. — **Ital.** Carota.

Daucus Carota. — Fam. des *Ombellifères*.

Indigène. Bisannuelle. Tige de $0^m,60$ à $1^m,50$, creuse, cannelée, velue ; feuilles deux ou trois fois ailées, à folioles incisées, pinnatifides, aiguës ; fleurs petites, blanches ou rosées, en ombelle. Graine légèrement convexe d'un côté, aplatie de l'autre, marquée de côtes saillantes, hérissées d'aiguillons, de couleur brun-verdâtre ; sa durée germinative est de 4 ans. Dix grammes contiennent 8,000 graines de grosseur moyenne, d'une bonne maturité et frottées à un degré convenable pour enlever une partie des barbes. Le litre pèse 250 grammes.

Usage. — La racine, qui est un aliment très sain, constitue aussi pour tous les animaux, notamment pour les chevaux, une nourriture d'une excellente qualité. La pulpe sert à colorer le beurre, et les semences sont employées pour la confection de quelques liqueurs.

Culture. — V. *Almanach du Bon Jardinier*, 1854, p. 420 et 615.

CAROTTE

ROUGE LONGUE.

Syn. — C. ROUGE LONGUE DE TOULOUSE. — C. ROUGE DE FLANDRES. — C. DE CROISSY.

Noms étr. — **Angl.** C. long orange. — C. Jame's scarlet. — Carot Surrey. — **All.** M. beste rothe lange carotte.

Racine fusiforme, longue de 0m,30 sur 0,m06 environ dans son plus grand diamètre, rouge.

Cette variété est très bonne, et d'un produit qui peut atteindre en moyenne, dans de bonnes terres, le poids de 36,000 kilog. Pendant longtemps, elle a été la plus communément cultivée, elle domine encore dans beaucoup de provinces, mais elle tend à céder la place, dans les jardins, à la carotte courte.

Les carottes *Jame's scarlet* et Surrey des Anglais, bien que distinctes entre elles sur les catalogues, ne nous ont pas paru, l'une et l'autre, différentes de notre carotte rouge longue.

CAROTTE

ROUGE LONGUE DE BRUNSWICK.

Syn. — ....

Noms étr. — **Angl.** Carrot Studley. — **All.** M. lange rothe Braunschweiger carotte.

Racine fusiforme très régulière et longue, atteignant 0m,34 sur 0m,04 dans son plus grand diamètre ; à collet affleurant la surface du sol, de couleur rouge vif comme l'Altringham. C'est une belle variété potagère, mais qui ne peut convenir que dans les sols très profonds.

CAROTTE

ROUGE LONGUE D'ALTRINGHAM.

Syn. — ....

Noms étr. — **Angl.** Carrot Altringham. — **All.** M. grosse süsse Altringham.

Racine presque cylindrique dans les deux tiers de sa longueur qui est de 0^m,35 sur 0^m,4 dans son plus grand diamètre, comme bossuée et marquée par des étranglemens réguliers, à collet fin et conique, de 0^m,03 à 0^m,04 hors de terre, d'un beau rouge vif et comme transparente; chair de couleur vive, cassante, presque dépourvue de fibres centrales.

Cette variété, très estimée en Angleterre, commence à se répandre dans quelques localités des environs de Paris où elle jouit sur les marchés, d'une faveur marquée; on lui donne la préférence pour la coloration du beurre.

CAROTTE

ROUGE PALE DE FLANDRES.

Syn. — ....

Noms étr. — **All.** M. grosse gelbe lange Saalfelder.

Racine fusiforme, peu régulière, souvent bossuée et anguleuse, longue de 0^m,30, large de 0^m,09 environ au sommet, de couleur rouge tirant sur le jaune; collet enterré, plat, très large, eu égard à la longueur de la racine, presque entièrement couvert par l'insertion des feuilles qui sont vigoureuses et très fortes; chair jaune-rougeâtre, grossière.

Cette variété a pour mérite principal d'être grosse, productive, assez hâtive à se former et d'une très bonne garde; il y a plusieurs années, on l'apportait par chariots de la Flandre, sur le marché de Paris, vers la fin de l'hiver, au moment où la carotte rouge courte et la carotte rouge longue commençaient à devenir rares. Elle y vient beaucoup plus rarement maintenant, depuis que nos cultivateurs ont trouvé le moyen, à l'aide de semis tardifs, d'être toujours pourvus. En somme, nous considérons cette carotte comme une très bonne race agricole et qui n'est pas assez connue.

CAROTTE
ROUGE TRÈS COURTE.

Syn. — C. Carline. — C. Toupie. — C. a Chassis. — C. Grelot.

Noms étr. — **Angl.** Carrot earliest short forcing Horn.

Racine presque cylindrique dans toute sa longueur qui est de 0^m,04 sur 0^m,04 environ de diamètre, se terminant brusquement par une queue très fine; peau rouge, collet marqué de brun ou de vert au point où il vient affleurer la terre, creusé en gouttière autour de l'insertion des feuilles qui sont fines et encore moins fortes que dans la rouge courte.

Cette variété est la plus hâtive de toutes et convient particulièrement pour la culture sur couche, tant à cause de sa précocité que du peu de longueur de sa racine.

CAROTTE
ROUGE COURTE HATIVE DE HOLLANDE.

Syn. — C. Queue de Souris. — C. Vitelotte. — C. de Croissy.

Noms étr. — **Angl.** C. early Horn. — **All.** M. feine rothe kurze ächte Hollandische Carotte. — Carotte zum Treiben.

Racine presque cylindrique dans toute sa longueur, qui est de 0^m,10 sur 0^m,06 environ de diamètre, se terminant brusquement par une queue très déliée, peau rouge, colorée de vert ou de brun au collet qui effleure la terre et qui est légèrement creusé en gouttière autour de l'insertion des feuilles : celles-ci sont fines et peu volumineuses.

Cette variété est la plus généralement cultivée dans les jardins ; elle est précieuse pour sa précocité, qui n'exclut pas un produit considérable puisque l'on peut estimer que celui d'un hectare de bonne terre atteint, en moyenne, le chiffre de 36,000 kilog.

CAROTTE
ROUGE DEMI-LONGUE.

Syn. — ....

Noms étr. — **All.** M. feine rothe kurze Carotte zum Treiben.

Racine fusiforme effilée, large de 0^m,05 au sommet, longue de 0^m,16 environ, rouge; collet vert ou brun, affleurant le sol, creusé en gouttière autour de l'insertion des feuilles qui sont un peu plus fortes que dans la rouge courte.

Cette variété est productive, et peut rendre en moyenne 45,000 kilog. par hectare en bonne terre, ce qui a engagé quelques agriculteurs à l'adopter pour les semis tardifs.

Il existe une sous-variété qui est également bonne et préférée dans certaines localités; elle est moins effilée et se termine en cone obtus; on pourrait pour cette raison l'appeler CAROTTE ROUGE DEMI-LONGUE OBTUSE, afin de la distinguer de la précédente; elle est intermédiaire entre la carotte rouge courte et la carotte demi-longue.

CAROTTE
JAUNE LONGUE.

Syn. — C. JAUNE D'ACHICOURT. — C. DE CHEVAUX. — C. DE GAND. — C. CLERETTE. — C. JAUNE DE SCHAERBECK OU DE SCHAIBECK.

Noms étr. — **Angl.** C. long lemon.

Racine fusiforme, effilée, assez régulière, longue de $0^m,30$, large de $0^m,06$ dans son plus grand diamètre; peau jaune pâle, coloré de vert au collet qui est assez fin et qui sort de $0^m,02$ à $0,^m03$ hors de terre, feuillage vigoureux, peut-être un peu plus ample que dans la carotte rouge longue.

Cette variété est bonne, se conserve bien et peut rendre en moyenne 45,000 kilog. par hectare; on la cultive principalement en Picardie.

CAROTTE
JAUNE COURTE.

Syn. — ....

Noms étr. — ....

Racine turbinée, peu nette et assez souvent racineuse, longue d'environ $0^m,12$, large de $0^m,07$ au collet qui est enterré, creusé en gouttière autour de l'insertion des feuilles, peau de couleur jaune pâle chair jaunâtre.

Cette variété n'appartient pas à la race des carottes rouges courtes, c'est une race distincte qui est peu cultivée, et qui pour cette raison n'est pas bien perfectionnée ni bien fixe.

CAROTTE

BLANCHE LONGUE.

Syn. — C. BLANCHE DE GAMON.

Noms étr. — Angl. C. white. — C. common white.

Racine régulièrement fusiforme, longue de 0^m,30, large de 0^m,07 environ dans son plus grand diamètre; à collet enterré; blanche lavée de roux, chair blanche plus douce que dans les variétés colorées.

Cette variété est peu cultivée depuis l'introduction de la carotte blanche à collet vert qui lui est supérieure en produit.

CAROTTE

BLANCHE TRANSPARENTE.

Syn. — C. TRANSLUCIDE.

Noms étr. — ....

Racine fusiforme, régulièrement effilée, longue de 0^m, 15 sur 0,^{m},05 environ de diamètre au sommet; peau blanche très fine, chair très blanche, fine et comme diaphane.

Cette race, qui nous a été communiquée par M. Boitel, jardinier à Mulhouse, est assez remarquable et curieuse.

CAROTTE

BLANCHE DES VOSGES (1).

Syn. — ....

Noms étr. — ....

Racine en forme de cône un peu obtus, longue de 0^m, 20, large de 0^m,10 envi-

---

(1) Nous croyons devoir insérer ici une note sur la carotte blanche des Vosges et sur celle de Breteuil, que nous devons à la bienveillance de M. Motte, propriétaire à Orbec :

« J'ai cultivé l'an dernier la carotte blanche de Breteuil et la carotte blanche des Vosges. A la pousse, à la récolte, elles m'ont paru semblables; pourtant plus tard, en faisant consommer les deux sortes qui avaient été semées et récoltées le même jour, côte à côte et dans des conditions pareilles, j'ai rencontré des différences notables :

« *Carotte blanche de Breteuil.* — La blanche de Breteuil est plus volumineuse; elle est en cône

ron; collet large et aplati, verdâtre, affleurant la surface du sol; peau blanche, ambrée, lisse et fine; chair serrée, lourde, blanc jaunâtre et douce au goût; feuillage assez finement découpé, vigoureux à peu près comme celui des rouge et jaune longue.

Cette variété se conserve très bien et convient particulièrement pour les sols compactes et peu profonds; elle est d'un bon produit; a été préconisée par Mathieu de Dombasle, et sa culture tend à prendre du développement.

Elle est voisine de la carotte BLANCHE DE BRETEUIL et paraît même en être sortie; celle-ci est moins régulièrement cylindrique, un peu plus anguleuse, à peau et à chair un peu plus jaune; nous avons cessé de la cultiver dans notre collection commerciale depuis que la blanche des Vosges est venue la suppléer.

CAROTTE

BLANCHE A COLLET VERT.

Syn. — CAROTTE-ARBRE.

Noms étr. — **Angl.** C. white Belgian. C. white green top. — **All.** M. sehr grosse weisse grünkopfige Riesen.

Racine fusiforme très allongée, presque cylindrique dans la moitié de sa longueur plus raccourci et souvent tronqué; elle se rapproche un peu de la forme d'une pyramide quadrangulaire, en ce qu'elle présente à la partie supérieure quatre angles arrondis très prononcés qui descendent, mais en s'effaçant vers l'extrémité inférieure. Elle présente dans sa longueur de nombreux renflemens de chacun desquels part un filet, couleur blanc légèrement jaunâtre terne. A la fin de l'hiver elle est toute tachée de brun et meurtrie, sans avoir pourtant été plus froissée que les autres racines qui ne présentent pas cette même particularité. Sa chair, difficile à entamer au couteau, est blanche et d'une odeur pénétrante.

» *Carotte blanche des Vosges.* — La blanche des Vosges, en cône plus allongé et plus régulier, est plus unie. Elle est d'un blanc jaune un peu fauve et l'épiderme moins lisse est doux au toucher et comme cotonneux, parce qu'il retient un sable fin qui roule sous les doigts. Sa chair, le plus ordinairement blanc jaune, quelquefois rougeâtre, quelquefois citrine, est molle, paraissant poreuse, à odeur douceâtre.

» J'ai pesé un volume parfaitement égal de l'une et de l'autre, j'ai trouvé les poids suivans :
    Blanche de Breteuil. . . , ... 49 35
    Blanche des Vosges. . . . . 45 »

» La blanche des Vosges pousse plus rapidement, ce qui explique peut-être son poids spécifique moindre, mais ce qui n'est pas moins un cas d'infériorité comparativement à la blanche de Breteuil.

» D'après ces observations, je crois la blanche de Breteuil préférable à la blanche des Vosges pour la nourriture du bétail.

» Comme aliment de l'homme, la blanche des Vosges a été trouvée médiocre, la blanche de Breteuil bonne. »

lorsqu'elle est pure de forme, longue de 0m, 45 sur 0m, 10 dans son plus grand diamètre, sortant de 0m, 15 environ, hors de terre, rétrécie vers le sommet et colorée de vert dans la partie extérieure ; la peau est blanche avec une tendance à tourner au jaune citron dans la portion enterrée ; chair blanche, peu serrée ; feuillage grand et vigoureux.

Cette variété est remarquable par son volume qui surpasse celui de toutes les autres ; son produit atteint en moyenne 45 à 50,000 kilog. par hectare (1) ; mais elle a le défaut d'être un peu cassante, de se tacher dans les silos et probablement de n'être pas aussi nutritive que la plupart des autres races, notamment que celles à racines rouges.

Dans l'état actuel, la racine n'a pas tout à fait la forme que nous avons décrite ; elle est large au sommet, va en s'atténuant régulièrement en pointe, et le collet ne sort de terre que de 0m, 04 à 0m, 05 ; nous sommes portés à considérer ces différences comme le résultat d'une dégénérescence que nous sommes occupés à faire disparaître en ramenant la variété vers le type que nous avons décrit ; en perdant peut-être un peu sous le rapport du volume, cette race recouvrera son principal avantage, celui d'être facile à l'arrachage.

CAROTTE

ROUGE A COLLET VERT.

Syn. — C. JAUNE A COLLET VERT.

Noms étr. — All. M. neue grosse rothe grünkopfige Riesen.

Racine fusiforme très allongée, presque cylindrique dans la moitié de sa longueur, qui atteint 0m, 40 sur 0m, 06 dans son plus grand diamètre, sortant de 0m, 10 environ hors de terre, amincie vers le sommet et colorée de vert dans la partie extérieure ou collet ; la peau est rouge pâle tirant sur le jaune dans la portion enterrée ; chair rouge orange de très bon goût.

Cette variété, qui est originaire de Belgique, de même que la blanche à collet verte, est fort prisée de quelques agriculteurs qui lui donnent une préférence marquée sur la blanche, dont elle paraît réunir toutes les qualités sans avoir aucun de ses défauts.

Nous n'avons pas encore de renseignemens assez positifs sur le rendement par hectare pour citer des chiffres.

(1) M. Roussel, propriétaire aux forges d'Othe, près Mayenne, a obtenu, sur un hectare, 134 mètres cubes de racines, soit environ 105,000 kil.

CAROTTE

VIOLETTE.

Syn. — C. NOIRE DE L'INDE.

Noms étr.— **Angl.**— C. blood red. C. purple.— **All.** M. violette.

Racine fusiforme, régulièrement effilée, longue de 0^m,36 sur 0^m,07 environ au sommet; de couleur violette, variant du violet noir au violet rougeâtre; chair violette vers la circonférence, jaune au centre, très sucrée.

Cette variété est peu cultivée, elle a l'inconvénient de donner aux ragoûts une couleur brune qui n'est pas agréable; elle a aussi le défaut qu'une partie des plants montent et fleurissent dans l'année même du semis.

CAROTTE

SAUVAGE AMÉLIORÉE.

En prenant à sa source le type de la Carotte, nous avons voulu expérimenter par quels moyens on pouvait amener une plante de l'état sauvage à la perfection, qui en fait une plante usuelle. — Par des semis successifs combinés de façon à ce que les plantes n'aient pas le temps de monter à graine avant l'hiver, et par des choix faits avec discernement, nous avons obtenu, après quelques années de culture, des racines de volume égal à celles qui sont cultivées dans les jardins; nous y avons même retrouvé la plupart des variétés cultivées. La Carotte sauvage améliorée nous a paru d'un goût plus prononcé, la chair est plus moelleuse; M. Martinet, de Châtellerault, nous écrivait qu'il l'avait adoptée pour la culture de ferme, parce qu'il avait cru reconnaître qu'elle est plus rustique et qu'elle supporte mieux la sécheresse.

Il eût été facile de fixer plusieurs variétés, mais c'eût été presqu'un double emploi avec les races généralement connues et adoptées; nous nous sommes contentés de cultiver deux races, l'une, produisant des racines qui, par leur forme, leur précocité, leur finesse, seraient plus particulièrement appropriées au jardinage; l'autre, produisant des racines plus volumineuses et plus convenables pour la grande culture.

La Carotte sauvage améliorée a généralement le feuillage bas, finement découpé, comme frisé, prenant promptement une teinte rougeâtre.

CAROTTES

DIVERSES.

Blanche de Saint-Pierre. 1833. Race intermédiaire entre la Carotte blanche longue ordinaire et celle de Breteuil.

Gigantesque nouvelle. 1850. N'a produit qu'un mélange de Carottes rouges où la demi-longue domine.

De jardins. 1850. Les racines obtenues sont des Carottes courtes et demi-longues.

Longue violacée de Toulouse. 1850. Racine longue rouge, avec un reflet violacé; de couleur assez particulière, très distincte de notre violette.

De Murcie. 1852. Racine rouge violet; a monté et les racines se sont à peine formées.

De Naples rouge, pâle, courte. 1841. A formé des petites racines rouges longues, qui ont monté avant qu'elles fussent bien formées.

De Nonceveux. 1849. Variété très voisine de la rouge pâle de Flandres et ordinairement plus rouge.

Blanche du Palatinat. 1838. Race voisine de la blanche des Vosges.

Rouge longue améliorée. Racine rouge longue à gros collet, voisine de la Carotte rouge pâle de Flandre, mais plus rouge.

Rouge longue de Toulouse. Analogue à notre rouge longue.

Mohre rothgelbe lange. 1847. Probablement analogue à notre rouge longue.

Mohre frühe feine rothe Bardowicker Carotte. 1847. Intermédiaire entre la rouge longue ordinaire et celle d'Altringham.

Mohre sehr frühe feine rothe Kurzkrautige horn's'che Carotte lange. 1847. Racine rouge très longue, à feuille moins ample que dans notre rouge longue.

CARVI.

Syn. — Cumin des prés.

Noms étr. — **Angl.** Caraway. — **All.** Kümmel. — **Esp.** Carvi. — **Port.** Alcaravia. — **Ital.** Carvi.

Carum carvi. — Fam. des *Ombellifères*.

Indigène. Bisannuel. Racine de la grosseur du doigt, longue, jaunâtre, à chair blanche, serrée, ayant une légère saveur de carotte, surmontée, avant que la plante soit montée, de feuilles radicales, nombreuses, dont les folioles sont opposées, verticillées, le pétiole replié en gouttière, creux, ondulé. Tige droite haute de $0^m,30$ à $0^m,60$, rameuse, anguleuse, lisse, glabre. Fleurs blanches, petites, en ombelles; graine oblongue, un peu courbe, marquée de 5 sillons, de couleur brun clair; aromatique; sa durée germinative est de 2 années; dix grammes contiennent 2,840 graines.

Usage. On peut employer la racine comme celle du Panais, mais elle est peu usitée. On mange aussi les feuilles et les jeunes pousses. Les graines sont employées quelquefois comme condiment; en Allemagne on les met dans le pain.

CÉLERI

CULTIVÉ.

Syn. — ACHE DOUCE. — ÉPRAULT.

Noms étr. — **Angl.** Celery. — **All.** Seleri. — **Esp.** Apio. — **Port.** Aipo. — **Ital.** Apio.

Apium graveolens. — Fam. des *Ombellifères.*

De l'Europe. Bisannuel. Racine fibreuse ou renflée (dans la variété à grosse racine); feuilles pinnatifides, glabres à folioles presque triangulaires, dentées, à pétioles ou côtes succulens, sillonnés, arrondis, creusés en gouttière; tige de $0^m,60$ sillonnée; fleurs en ombelles, petites, blanc jaunâtre. Graine petite, triangulaire, marquée de 5 arêtes filiformes, aromatique; sa durée germinative est de .... ans. Dix grammes contiennent environ 23,000 graines.

Usage. On mange les côtes des feuilles et la racine crues ou cuites; en Angleterre on emploie dans les potages la graine ou des extraits qu'on prépare pour cet usage.

Culture. V. *Almanach du Bon Jardinier,* 1854, p. 424.

CÉLERI

PLEIN BLANC.

Syn. — ....

Noms étr. — **Angl.** C. white solid.

Plante vigoureuse; côtes (ou pétioles) charnues, pleines et tendres, vertes devenant blanc jaunâtre par l'étiolement; folioles larges et d'un vert brillant.

Cette variété est très bonne et fort répandue.

DESCRIPTION

CÉLERI

PLEIN BLANC COURT HATIF.

Syn. — ....

Noms étr. — ....

Côtes étroites, courtes, arrondies, moins aplaties que dans les autres variétés et creusées d'une gouttière étroite, très pleines, nombreuses et si rapprochées au cœur de la plante qu'il n'est presque pas nécessaire de la lier pour la faire blanchir; ce céleri est en outre précoce et quoiqu'il soit plus petit que les autres variétés, il fournit autant par la multiplicité de ses feuilles; toutefois, il a l'inconvénient de drageonner beaucoup.

CÉLERI

NAIN FRISÉ.

Syn. — ....

Noms étr. — **Angl.** C. dwarf curled.

Côtes arrondies et creusées d'un sillon étroit, pleines, courtes, à folioles crispées. Cette variété ne se recommande que par la singularité de son feuillage.

CÉLERI

TURC.

Syn. — C. DE PRUSSE.

Noms étr. — **Angl.** C. Turkey. C. Prussian. C. giant.

Plante très forte; côtes très larges, longues, charnues et pleines, dressées, à folioles très larges, à dents arrondies; d'un vert foncé et luisant.

Cette variété se distingue entre les autres par des dimensions plus fortes et par des feuilles plus amples; elle est très bonne et préférable à la variété ordinaire de Céleri plein blanc.

CÉLERI
PLEIN VIOLET.

Syn. — C. plein de Tours.

Noms étr. — **Angl.** C. red solid. — **All.** S. grosser violetter von Tours Bleich.

Plante vigoureuse et forte; côte très large, de couleur vert foncé lavé de violet, charnue, tendre et cassante; folioles larges et d'un vert foncé.

Cette variété est fort belle et mérite d'être plus cultivée.

CÉLERI
PLEIN ROSE.

Syn. — ....

Noms étr. — **All.** S. rosenrothe Riesen.

Côte large, verte, légèrement teintée de rose violacé, charnue et pleine lorsque la race est franche; mais ce Céleri a une très grande tendance à dégénérer et à avoir les côtes creuses; pour cette raison, on doit lui préférer les autres variétés.

CÉLERI-RAVE.

Syn. — ....

Noms étr. — **Angl.** C. turnip rooted. Celeriac. — **All.** S. Knoll oder Kopf.

Racine renflée arrondie, de 0^m,10 environ de diamètre, brune à l'extérieur, à chair blanche et serrée; feuilles à côtes étroites, creuses, renversées horizontalement.

CÉLERI-RAVE
D'ERFURT.

Syn. — ....

Noms étr. — **All.** S. Erfürter grosser Knoll.

Variété très précoce, à racine petite, mais très nette.

CÉLERI-RAVE

FRISÉ.

Syn. — ....

Noms étr. — Angl. C. turnip rooted curled leaved. — All. S. Knoll mit krausen Laube.

Racine renflée arrondie, de 0^m,07 à 0^m,08 de diamètre, brune à l'extérieur, à chair blanche et serrée; feuilles à folioles crispées, se tenant horizontalement.

Cette variété est inférieure, par le volume de sa racine, au Céleri-rave ordinaire et n'a d'autre mérite que la particularité de son feuillage.

CÉLERI

A COUPER.

Syn. — C. PETIT. — C. CREUX. — C. FIN DE HOLLANDE.

Noms étr. — ....

Côtes creuses, très étroites, dressées, tendres et cassantes; drageons nombreux.

Ce Céleri, qui n'est guère cultivé que par les jardiniers de Paris et des environs, a pour mérite principal de fournir des feuilles de Céleri pour les potages; on le sème très épais; il repousse après avoir été coupé.

CÉLERI

ESPÈCES DIVERSES.

Gros de Brabant. 1850. Le produit obtenu est le Céleri à couper, sans doute par une erreur de notre envoyeur.

De Montfort-Lamaury. 1852. Intermédiaire entre le plein blanc ordinaire et le court hâtif.

De Naples. 1835. Sous ce nom, nous avons reçu deux races, dont l'une a le feuillage plus blond que l'autre; toutes les deux sont des plantes très élevées, à côtes également creuses.

New Silver giant. 1850. Variété de plein blanc à côtes creuses.

Seymour's superb red solid. 1838. Très voisin de notre céleri violet, et peut-être moins bon.

White impérial. 1852. Belle race, voisine de notre Céleri turc.

New flat stem. 1847. A côtes très courtes, comme aplaties; n'a rien de remarquable ou de méritant.

New flat stemmed red. 1848. Variété du céleri violet vigoureuse et trapue; les côtes sont creuses dans les plantes les plus développées.

Lion's paw. 1848. A quelques rapports avec notre céleri court hâtif; il en diffère par la plus grande épaisseur de sa côte, par sa taille plus élevée, et principalement par la frisure de ses feuilles qui sont plus fines, à denture plus longue et un peu contournée. Mérite douteux.

New red matchless. 1848. Plante étalée à côte rouge, très pleine, tardive.

Manchester red solid. 1848. A de l'analogie avec notre céleri plein rose; côtes lavées de rouge pâle, longues et nues, creuses dans une proportion notable.

Seymour's superb. 1847. A de l'analogie avec notre céleri court hâtif, il a la côte généralement épaisse et pleine; il est plus blond que notre céleri court hâtif et un peu plus élevé.

Cole's superb red. 1851. Très belle race à larges côtes, d'un beau violet, peut-être supérieur à notre céleri violet de Tours.

Giant. 1844. Analogue à notre céleri turc.

CERFEUIL
COMMUN.

Syn. — ....

Noms étr. — **Angl.** Chervil plain leaved. — **All.** Körbel gewöhnlicher. — **Esp.** Perifollo. — **Port.** Cerefolio. — **Ital.** Cerfoglio.

Scandix cerefolium. — Fam. des *Ombellifères.*

Indigène. Annuel. Tige de 0^m,40 à 0^m,50, glabre, feuilles ailées, folioles ovales incisées pinnatifides; fleurs en ombelles, petites, blanches, graine longue pointue, marquée d'un sillon longitudinal, noire; sa durée germinative est de 2 ans. Dix grammes contiennent 2250 graines. Le litre pèse 364 grammes.

Usage. — Les feuilles sont aromatiques et s'emploient dans les assaisonnemens et dans les salades.

Culture. — Voyez *Almanach du Bon jardinier*, 1854, p. 426.

CERFEUIL
FRISÉ.

Syn. — ....

Noms étr. — **Angl.** Chervil curled leaved. — **All.** K. krauser, K. Plumage oder gefülltblättriger.

Variété du cerfeuil ordinaire à feuilles ou folioles crépues ou frisées; c'est une jolie plante pour l'ornement des plats; du reste, son emploi est le même que celui du cerfeuil commun.

CERFEUIL
TUBÉREUX.

Syn. — Cerfeuil bulbeux.

Noms étr. — **Angl.** Chervil turnip-rooted. — **All.** Körbelrübe.

Chærophyllum bulbosum. — Fam. des *Ombellifères*.

Indigène. Bisannuel. Racine fusiforme de 0^m,03 environ de diamètre sur 0^m,08 à 0^m,010, de couleur gris noir, à chair blanc jaunâtre, farineuse. Tige renflée au-dessous des nœuds et hispide dans la partie inférieure, glabre dans la partie supérieure; feuilles ailées à folioles profondément incisées, les divisions des feuilles supérieures linéaires et très étroites; fleurs blanches en ombelles. Graine longue, pointue, légèrement concave et brun clair d'un côté; marquée du côté opposé de trois sillons longitudinaux peu profonds, creusés en gouttière, et blanchâtre; sa durée germinative est de 1 an. Dix grammes contiennent 2160 graines.

Usage. — On mange la racine cuite, et d'après C. Helm elle a une saveur intermédiaire entre la pomme de terre et la châtaigne, mais se rapprochant davantage de cette dernière. — Ces qualités dépendent, sans doute, beaucoup de la culture, qui demande d'assez grands soins.

CERFEUIL
MUSQUÉ.

Syn. — Cerfeuil d'Espagne. — Fougère musquée. — Cerfeuil anisé. — Circutaire odorante. — Myride odorante — Persil d'Ane de Lobel.

Noms étr. — **Angl.** Chervil sweet scented. — **All.** Körbel grosser spanischer. — **Ital.** Finocchiella.

Myrrhis odorata. — Fam. des *Ombellifères*.

Indigène. Vivace. Feuilles pubescentes, très grandes, ailées, à folioles pinnatifides, lancéolées ou incisées, à pétioles et nervures velues; tige de 0^m,60 à 1 mètre, striée; fleurs petites, blanches, en ombelles. Graine enveloppée d'une membrane plissée en cinq côtes saillantes, brune, luisante, grosse; sa durée germinative est de 1 année; semée au printemps, elle ne lève que l'année suivante. Dix grammes contiennent environ 290 graines.

Usage. — On le mange comme le cerfeuil commun, mais sa saveur anisée et très forte déplait à beaucoup de monde.

CHAMPIGNON
COMESTIBLE.

Syn. — CHAMPIGNON DE COUCHE. — AGARIC COMESTIBLE.

Noms étr. — **Angl.** Mushroom. — **All.** Tafelsshwamm. — **Ital.** — Pratajolo maggioro bianco.

Agaricus esculentus. — Fam des *Champignons.*

Indigène. Lamelles libres inégales, minces, ordinairement rosées; pédicule fistuleux, allongé, blanc, à chapeau blanc, d'abord conique, puis campanulé, enfin horizontal et déchiré après le complet développement et finissant par se décomposer en liquide blanc ou quelquefois légèrement rosé (1).

Les semences, appelées sporules, sont d'une ténuité microscopique; on multiplie ordinairement le champignon au moyen du *blanc* ou fumier imprégné des thallus ou racines du champignon, provenant de couches sur lesquelles on a cultivé le champignon et que l'on démonte avant qu'elles aient produit; on préfère le blanc venu de couches construites en plein air à celui des couches construites dans des caves

(1) Nous croyons devoir extraire la note suivante du *Dictionnaire universel de Matières médicales*, publié par Mérat et de Lenz :

« Le Champignon de couche est quelquefois confondu avec les *Agaricus bulbosus* et *vernus*, de Bulliard, désignés sous le nom d'*Oronge ciguë*, à cause de leur qualité vénéneuse, qui appartiennent au genre *Amanita* de Haller; il s'en distingue en ce qu'il n'a pas de *volva*, c'est-à-dire de bourse, qui à sa naissance l'enveloppe depuis la racine jusque par dessus le chapeau, mais seulement un *collier* qui part des bords du chapeau pour aller au sommet du pédicule; en ce que son *pied* n'est pas tubéreux, quoique un peu renflé, et jamais fistuleux, en vieillissant, comme cela arrive au *bulbosus*; en ce que les lames de son chapeau ne sont pas blanches (hormis dans une variété rare et qu'il faut éviter de cueillir crainte de méprise), mais roses, surtout à leur maturité; enfin, et surtout, en ce que la peau du *chapeau* se pèle facilement, ce qui n'arrive pas dans les deux autres plantes, où elle est adhérente. »

ou carrières. On peut aussi multiplier le champignon en enlevant avec précaution les mottes de terre ou les places sur lesquelles il a crû dans les champs.

Tous les champignons cultivés ne sont pas complètement identiques; il existe des variétés de teintes blanches, grises ou blondes, que les cultivateurs préfèrent suivant leur appréciation particulière ou les exigences de la vente; mais il ne paraît pas que ces variétés se multiplient indéfiniment, elles finissent par s'altérer et alors on est obligé d'aller chercher de nouvelles variétés dans les endroits où elles croissent naturellement.

Culture. — Voir *Almanach du Bon Jardinier*, 1854, p. 426.

CHENILLE

PETITE.

Syn. — CHENILLETTE.

Noms étr. — Angl. Caterpillar prickly. — All. Raupenklee. — Esp. Escorpioïde.

Scorpiurus muricata. — Fam. des *Légumineuses*.

Indigène. Annuelle. Tige de 0m,25 à 0m,30 couchée; feuilles oblongues entières rétrécies en pétioles; fleurs petites, jaunes; gousse étroite, contournée comme une chenille, roulée sur elle-même, marquée de sillons longitudinaux, parmi lesquels les extérieurs sont hérissés de pointes qui imitent l'aspect velu de certaines chenilles. Graine assez grosse, allongée, courbe ridée, jaunâtre; sa durée germinative est de 5 ans.

Usage. — Les fruits ayant avec diverses espèces de chenilles une ressemblance qui peut faire illusion, on les emploie parfois dans les salades en vue de surprises innocentes.

Culture. — Voyez *Almanach du Bon Jardinier*, 1854, p. 430.

CHENILLE

GROSSE.

Syn. — ....

Noms étr. — Angl. Caterpillar common. — Ital. Erba bruca.

Scorpiurus vermiculata. — Fam. des *Légumineuses*.

Indigène. Annuelle. Gousse assez grosse, dépourvue de sillons intérieurs, marquée à l'extérieur de dix sillons surmontés de tubercules pédicellés, renflés au sommet. Graine grosse, oblongue, aplatie aux extrémités, jaunâtre.

CHENILLE
RAYÉE.

Syn. — ....

Noms étr. — **Angl.** Caterpillar furrowed.

Scorpiurus sulcata. — Fam. des *Légumineuses.*

Indigène. Annuelle. Gousse assez étroite, glabre, de couleur gris-verdâtre dans le fond des sillons; ceux-ci bruns au sommet, les intérieurs lisses, quatre des sillons extérieurs surmontés de tubercules obtus; graine assez semblable à celle de la chenille petite, un peu plus grosse.

CHENILLE
VELUE.

Syn. — SCORPIURUS SUBVILLOSA.

Noms étr. — **Angl.** Caterpillar villous.

Scorpiurus subvillosa. — Fam. des *Légumineuses.*

Indigène. Annuelle. Gousse un peu plus grosse que dans la chenille petite dont elle se rapproche beaucoup; la différence la plus sensible consiste en ce que les pointes qui surmontent les sillons extérieurs sont recourbées en crochets. La graine est un peu plus grosse que celle de la chenille petite.

CHERVIS.

Syn. — CHERVIS. — CHIROUIS. — GIROLES.

Noms étr. — **Angl.** Skirret. — **All.** Zuckerwurzel. — **Esp.** Chirivia tudesca. — **Port.** Cherivia. — **Ital.** Sisaro.

Sium sisarum. — Fam. des *Ombellifères.*

De la Chine. Vivace. Racine pivotante, longue de $0^m,15$ à $0^m,20$ sur $0^m,02$ de diamètre, charnue, de couleur roussâtre, blanche à l'intérieur, très sucrée; feuilles ailées à sept ou neuf folioles finement dentées ovales oblongues, engaînantes et rougeâtres à la base. Tige de 1 mètre à 1^m,60, cannelée; fleurs petites, blanches, en ombelles; graine oblongue, courbe, marquée de cinq sillons longitudinaux, presque cylindrique, de couleur brune; sa durée germinative est de 2 ans. Dix grammes contiennent environ 2,625 graines. Le litre pèse 293 grammes.

Usage. — On mange la racine comme celle du scorsonère.
Culture. — Voyez *Almanach du Bon Jardinier*, 1854, p. 430.

CHICORÉE-ENDIVE.

Syn. — ...

Noms étr. — **Angl.** Endive. — **All.** Endivien. — Winter. Endivien. — **Esp.** Endivia. — **Port.** Endivia. — **Ital.** Endivia.

Chicorium endivia. — Fam. des *Composées*.

De l'Inde. Annuelle. Feuilles glabres, lobées et découpées plus ou moins profondément suivant les variétés; tige de 1^m,50 à 2 mètres, rameuse, cannelée, creuse; fleurs bleues, axillaires, sessiles; graine petite, allongée, anguleuse, terminée en pointe d'un côté, couronnée de l'autre par une sorte de collerette membraneuse de couleur grise; sa durée germinative est de 9 ans. Dix grammes contiennent environ 8,000 graines. Le litre pèse 350 grammes.

Usage. — On mange les feuilles cuites ou en salade.
Culture. — Voyez *Almanach du Bon Jardinier*, 1054, p. 432.

CHICORÉE

FRISÉE DE MEAUX.

Syn. — ...

Noms étr. — **Angl.** Endive green curled.

Feuilles d'un beau vert, disposées en rosace, celles de la circonférence étalées sur la terre, longues d'environ 0^m,25, ayant la côte large de 0^m,01 à la base, nue dans une longueur de 0^m,04 à 0^m,05, colorée de rose sur la face supérieure à 0^m,05 de l'origine jusque vers les deux tiers de la feuille, s'élargissant en découpures ou lobes frisés, contournés et crispés sur les bords, palmés vers l'extrémité de la feuille; les feuilles du centre qui ne sont pas lavées de rose sont de la même forme, mais de plus en plus petites en se rapprochant du cœur, un peu dressées, plus blondes, renversées en dedans, serrées, formant une sorte de pomme, tendres et acquérant toutes leurs qualités lorsqu'après avoir relevé et lié ensemble les feuilles extérieures, celles du cœur se sont blanchies par l'étiolement.

Les feuilles de cette variété sont plus longues que celles de la chicorée fine d'été, la côte principale est moins large, les lobes sont moins nombreux, moins longs, plus frisés; le cœur est moins tassé, *plus creux ;* elle est de quinze jours plus lente à se faire et convient mieux pour l'automne parce qu'elle est moins sujette à pourrir.

CHICORÉE

FINE D'ÉTÉ.

Syn. — Ch. d'Italie. — Ch. barbe de capucin.

Noms étr. — All. Winter-Endivien sehr feiner grüner krauser gezacktblättriger. — Plumage oder Feder.

Feuilles disposées comme dans la chicorée de Meaux, longues de 0m,20 environ; la côte est large de 0m,015 à la base, nue dans une longueur de 0m,03, teinte de rose à la face supérieure depuis la base jusque vers les deux tiers de la feuille, se formant en lobes élargis, qui donnent naissance à des lobes secondaires finement et profondément laciniés, moins crépus que dans la chicorée de Meaux ; vers l'extrémité, la feuille s'élargit en palme plus large que dans la chicorée de Meaux, découpée (la palme) par des laciniures moins profondes; les feuilles en se rapprochant du centre deviennent plus courtes, plus petites, plus blondes; elles sont renversées en dedans et forment une pomme extrêmement serrée, dure et pleine.

La chicorée fine d'été se distingue de la chicorée frisée de Meaux par ses feuilles plus courtes, plus larges, plus découpées, moins crépues; la pomme est plus serrée au centre et plus dure.

Cette variété convient principalement pour les premiers semis; lorsqu'elle pomme tardivement, elle est plus sujette à pourrir, par suite de l'humidité, que la chicorée de Meaux ou que celle de Rouen, parce que le cœur est plus serré et plus plein.

Chicorée fine à cloche. Sous-variété de la précédente, plus petite, à feuille plus fine, plus serrée; elle est plus prompte à se faire et plus particulièrement convenable pour la culture sous cloche.

La *chicorée courte* ou *Célestine* et la *chicorée régence* mentionnées par quelques auteurs, étaient voisines de la chicorée fine d'été; elles ne sont plus cultivées.

CHICORÉE
FRISÉE DE PICPUS.

Syn.—....
Noms étr.—....

Feuilles extérieures longues de 0m,22 ; côte large de 0m,016, nue dans la longueur de 0m,06 de la base jusqu'à la première division, entièrement blanche comme dans la chicorée fine de Rouen, non découpée en franges comme dans les chicorées de Meaux et fine d'été, par conséquent beaucoup plus nue ; lobes profonds, subdivisés eux-mêmes comme dans la chicorée de Meaux ; feuilles du centre très frisées et finement découpées, formant une pomme creuse au centre, comme celle de la chicorée de Meaux, mais plus pleine et plus serrée.

Cette variété nous a été communiquée par M. Simon Germon, jardinier au couvent de Picpus.

CHICORÉE
FINE DE ROUEN.

Syn. — CHICORÉE ROUENNAISE. — CHICORÉE CORNE DE CERF. — CHICORÉE PERRUQUE A MATHIEU.

Noms étr. — **Angl.** Endive Staghorn.

Feuilles d'un vert intense, disposées comme dans les variétés précédentes, à côte large de 0m,01, longue d'environ 0m,20, nue à la base (jusqu'à la première ramification) dans une longueur de 0m,04 seulement, non colorée de rose, découpée en lobes qui forment des ramifications nombreuses, étroites, contournées, mais non crépues ou frisées ; les feuilles en se rapprochant du centre sont successivement plus courtes, plus finement découpées, serrées et forment une pomme, laquelle est pleine et moins serrée que celle de la chicorée fine d'été, ce qui fait que cette variété convient particulièrement pour les climats humides et pour l'automne ; elle est moins volumineuse que la chicorée de Meaux, occupe moins de place ; elle est moins tendre ; cependant à cause de sa rusticité, elle a été adoptée par les jardiniers de Paris.

CHICORÉE
MOUSSE.

Syn.—....
Noms étr. — **All.** Endivien-Winter Moos.

Sous-variété de la chicorée fine de Rouen, plus petite, à feuilles tellement serrées, finement découpées et crépues, qu'elle a un peu l'aspect d'une touffe de mousse; elle est un peu délicate et sujette à dégénérer.

CHICORÉE

TOUJOURS BLANCHE.

Syn. — Chicorée très frisée dorée.

Noms étr. — **Angl.** Endive white curled. — **All.** Winter-Endivien von Natur ganz gelber krauser.

Feuilles très blondes (presque blanches en naissant), longues d'environ 0^m,25, assez étroites; côte légèrement lavée de rose sur la face supérieure, large de 0^m,01 à la base, nue dans une longueur de 0^m,08, puis s'élargissant et se divisant en lobes assez réguliers, déchiquetés peu profondément, remarquablement ondulés et crispés sur les bords; l'extrémité de la feuille se formant en palme peu profondément déchirée, et plutôt découpée et ondulée; les feuilles du centre très frisées, peu nombreuses et couchées sur celles de la circonférence, laissant le cœur de la plante creux et ne formant pas de pomme comme dans les autres variétés. Cette chicorée se distingue entre toutes par sa couleur. Sa graine est plus blonde et plus légère que celle des autres variétés. Son nom indique sa qualité principale; on la consomme ordinairement jeune, comme la laitue à couper; elle est tendre, mais elle fournit moins que les autres.

CHICORÉE

SCAROLLE.

Syn. — Scariolle. — Escarolle. — Scarolle bouclée. — Scarolle courte. — Scarolle langue de boeuf. — Scarolle ronde. — Scarolle de Meaux. — Endive de Meaux.

Noms étr. — **Angl.** Endive broad leaved Batavian. — **All.** Winter Endivien ganzbreiter vollherziger Escariol. — **Esp.** Escarola.

Feuilles d'un vert blondissant disposées en rosace, celles de la circonférence couchées sur terre, longues d'environ 0^m,25, larges de 0^m,03 à la base, s'élargissant régulièrement vers l'extrémité et atteignant 0^m,15 dans leur plus grande largeur, ondulées, dentées et déchiquetées peu profondément sur les bords, cloquées, épaisses et charnues; celles du centre sont de la même forme, mais plus courtes, plus blondes; elles se renversent en dedans et forment une pomme basse mais bien prononcée, d'où vient que les jardiniers disent, lorsqu'elle est dans cet état, qu'elle est *bouclée*.

La scarolle n'acquiert toute sa qualité qu'après avoir été blanchie par étiolement, ce que l'on obtient en relevant les feuilles de la circonférence et les retenant par un lien.

Scarolle à fleur blanche. Sous-variété qui ne diffère que par la couleur de la fleur; la feuille est peut-être un peu plus blonde.

CHICORÉE

SCAROLLE BLONDE.

Syn. — SCAROLLE A FEUILLE DE LAITUE.

Noms étr. — **Angl.** Endive broad leaved Batavian white. — **All.** Winter Endivien ganzbreiter von Natur gelber.

Feuilles très blondes, presque blanches en naissant, disposées en rosace et dirigées horizontalement, longues de 0^m,30 environ, larges de 0^m,05 à la base, s'élargissant régulièrement et atteignant 0^m,16 dans leur plus grande largeur, ondulées sur les bords, dentées et déchiquetées peu profondément, cloquées; celles du centre plus courtes, mais également couchées, laissant le cœur de la plante peu garni et formant une pomme moins prononcée que dans la scarolle verte. La graine est plus blonde et plus légère que celle de la chicorée de Meaux.

On la coupe jeune et on l'emploie dans cet état, bien qu'on puisse aussi l'utiliser quand elle est complétement développée; mais alors, la scarolle ordinaire doit lui être préférée. Elle est plus délicate que celle-ci, plus sujette à se tacher et à se détériorer par l'humidité.

CHICORÉE

SCAROLLE EN CORNET.

Syn. — ....

Noms étr. — ....

Feuilles longues de 0^m,25 disposées comme dans la scarolle, atteignant 0^m,20 dans leur plus grande largeur, découpées en dents aiguës, contournées plutôt qu'ondulées, très vertes, celles du centre un peu contournées en cornet et ne formant pas de pomme.

Cette variété est de qualité bien inférieure à la scarolle verte ordinaire; elle est cependant recherchée dans quelques localités, notamment dans le Poitou.

CHICORÉES

DIVERSES.

Fine de Boulanger. 1831.
Fine de Mouveau. 1831.
Ces deux espèces nous ont paru semblables; elles ont de l'analogie avec la chicorée de Meaux, sont plus fines, moins frisées et paraissent être une bonne race.

Blonde de Villefranche. 1852. Voisine de la chicorée de Meaux, à côtes un peu plus larges.

Endive frisée de Russie. 1851. Très probablement analogue à la chicorée fine de Rouen, creuse ou dégénérée.

Endive fine d'automne de Liége. 1848. Race particulière à feuilles larges; cœur peu garni, creux.

CHICORÉE

SAUVAGE.

Syn. — CHICORÉE AMÈRE. — CHICORÉE BARBE DE CAPUCIN.

Noms étr. — **Angl.** Chicory. — **All.** Chicorie. — **Port.** Chicoria. **Ital.** Cicorea.

Cicorium intybus. fam. des *Composées.*

Indigène. Vivace. Feuilles radicales, d'un vert foncé, sinuées, à lobes dentés ou découpés, longues d'environ 0m,25 sur 0m,10 dans leur plus grande largeur lorsque la plante est cultivée dans les jardins; tige de 1m,50 à 2 mètres, cylindrique, cannelée, pubescente, garnie de feuilles embrassantes, rameaux étalés. Fleurs bleues, axillaires presque sessiles. La graine diffère peu de celle des chicorées frisées et de la scarolle; cependant elle est ordinairement plus petite, plus brune et plus luisante.

Usage. — On mange les feuilles en salade, soit à l'état naturel, soit après qu'elles ont été blanchies par étiolement; dans cet état on les appelle *Barbe de capucin.*

Culture. — Voyez *Almanach du Bon Jardinier*, 1854, p. 430.

CHICORÉE-SAUVAGE
PANACHÉE.

Syn.— ....

Noms étr. — All. Cichorie buntblättrige Forellen.

Variété de la chicorée sauvage ordinaire qui n'en diffère que parce que ses feuilles sont veinées et fouettées de taches rouges; lorsqu'elle est soumise à l'étiolement par les procédés habituels pour former la barbe de capucin, les taches seules ne changent pas de couleur, tandis que le reste du parenchyme est devenu presque blanc; il en résulte une opposition de couleurs qui fait de cette variété une salade assez jolie.

CHICORÉE-SAUVAGE
AMÉLIORÉE.

Syn.— ...

Noms étr.— ....

Cette variété est peu constante, et il est difficile pour cette raison d'établir des caractères fixes; en général, les feuilles sont à peu près du double plus larges que dans la chicorée sauvage ordinaire; il sort du même pied un plus grand nombre de feuilles qui forment quelquefois une sorte de pomme rappelant celle de la scarolle.

Chicorée sauvage améliorée panachée. Sous-variété à feuilles veinées et mouchetées de rouge, assez constante, qui a les mêmes qualités et qui est plus jolie lorsqu'on fait blanchir la plante par étiolement.

Chicorée sauvage améliorée demi-fine à feuille jaune; variété très remarquable à feuilles très découpées en lobes étroits, blondes comme celles de la chicorée toujours blanche.

Chicorée sauvage améliorée demi-fine; à feuilles rappelant par leur forme celles de la scarolle.

Chicorée sauvage améliorée demi-blonde, forme de laitue pommée; à feuille très large, courte et arrondie.

Chicorée sauvage brune, forme de laitue pommée, à feuille entière oblongue, de dimensions énormes.

Toutes ces variétés introduites par M. Jacquin sont très remarquables et font pressentir que l'on pourra obtenir de nouvelles variétés plus perfectionnées encore, auxquelles on pourra, par des soins, donner de la fixité.

La chicorée sauvage améliorée est sous tous les rapports préférable à la chicorée sauvage ordinaire; elle est plus productive et plus tendre; il paraît même qu'elle est assez bonne mangée cuite.

CHICORÉE-SAUVAGE

A GROSSE RACINE.

Syn. — ...

Noms étr. — **Angl.** Chicory large rooted. — **All.** Cichorie-Wurzel.

Cette variété se distingue par ses racines charnues, fusiformes, longues d'environ 0m,40 sur 0m,03 de diamètre au sommet, ordinairement peu nettes et chevelues ou racineuses; les feuilles ont la forme ordinaire et sont peut-être plus vigoureuses, aussi, quoique cette variété soit le plus ordinairement cultivée pour ses racines qui servent à la fabrication du *café de chicorée*, elle peut aussi, et préférablement à la variété ordinaire, être cultivée pour ses feuilles qui sont plus développées.

En Prusse, on distingue deux sous-variétés, celle de *Magdebourg* à racine très longue et grosse à feuilles érigées et celle de *Brunswick* à racines plus grosses, plus courtes et à feuilles étalées; on préfère, depuis quelques années, celle de Magdebourg qui est plus productive.

CHOU POTAGER.

Syn. — ...

Noms étr. — **Angl.** Cabbage. — **All.** Kohl. — **Esp.** Col. — **Port.** Couve. — **Ital.** Cavalo.

Brassica oleracea. — Fam. des *Crucifères*.

Indigène. Vivace. Dans l'état où il croit naturellement, sur les rochers maritimes de la Normandie, il se caractérise par des feuilles couvertes d'une pruine glauque, lobées, ondulées, épaisses et parfaitement glabres; la tige qui s'élève de 0m,60 à 1 mètre est munie de feuilles embrassantes et entières; elle se termine en panicules de fleurs jaunes ou quelquefois blanches.

La graine est ronde, noire, quelquefois rougeâtre, plus ou moins grosse suivant les variétés; sa durée germinative est de 5 années. Dix grammes contiennent 3,255 graines de choux, de choufleurs et de brocoli. Le litre pèse 690 grammes.

Usage. — Dans les choux proprement dits, on mange les feuilles ordinairement cuites, quelquefois crues en salade; dans le choufleur, c'est la fleur que l'on consomme, c'est la tige dans le chou rave.

Culture. — Voyez *Almanach du Bon Jardinier*, 1854, p. 435.

1º. CHOU CABUS

BRASSICA OLERACEA CAPITATA. (DÉC.).

Syn. — Chou cabu. — Chou capu. — Chou pommé. — Chou en tête. — Chou pommé a feuille lisse.

Noms étr. — Angl. Round headed cabbage. — All. Kopfkohl. — Esp. Repollo. — Port. Repolho. — Ital. Cavolo cappuccio.

Feuilles lisses, le plus souvent glauques, presque toujours concaves, très serrées les unes contre les autres, formant une tête (*caput*) ou pomme ronde, déprimée ou ovale, suivant les variétés; les feuilles situées à l'intérieur de cette pomme, plus jeunes que les feuilles extérieures et blanchies par la privation de lumière, sont plus tendres et plus digestes.

Nota. — La classification que nous avons adoptée est basée sur les affinités des espèces et sur leur similitude; nous avons pris pour point de départ le chou d'York qui est une race bien distincte en même temps que l'une des plus précoces; nous passons de là aux choux cœur de bœuf qui sont pour ainsi dire intermédiaires entre les choux-pommes et les précédens, puis aux choux à pommes coniques, et enfin aux variétés à pommes rondes ou déprimées.

Les choux de Milan, à feuilles cloquées, forment notre deuxième catégorie, et, de même que plus haut, nous avons commencé par les plus précoces.

Les choux verts non pommés composent la troisième série; nous avons placé au premier rang ceux qui forment une sorte de pomme et nous avons fini par les choux verts proprement dits et qui sont d'ailleurs plus employés pour l'agriculture que pour le jardinage.

Les choux-raves à tige renflée forment la quatrième série.

Les choux-fleurs et les brocolis composent la cinquième série.

Les choux-navets et les choux Rutabagas qui appartiennent, d'après Decandolle, à une espèce botanique différente, viennent à la suite, mais dans une section distincte.

CHOU
D'YORK.

Syn. — Chou pointu d'Angleterre. — Chou pain de sucre.

Noms étr. — **Angl.** C. Yorck. — **All.** Kopfkohl Yorckscher.

Pomme conique ou en ovale renversé, assez petite, passablement serrée; feuilles de couleur vert foncé, un peu cendré et glacé, glauque à la surface inférieure, capuchonnées, les extérieures (celles qui ne contribuent pas à former la pomme), peu nombreuses, pliées dans le sens de la nervure médiane et renversées en dehors très lisses et sans cloqures, nervures douces, blanc verdâtre, pied un peu long ou haut. Précoce.

CHOU
D'YORK SUPERFIN HATIF.

Syn. — Chou cabbage.

Noms étr. — . . . .

Plus petit que le chou d'York ordinaire, ayant la pomme relativement plus étroite, plus allongée, encore moins pleine, plus précoce de huit jours environ; pied très haut.

CHOU
D'YORK NAIN HATIF.

Syn. — . . . .

Noms étr. — **Angl.** C. d'York dwarf.

Plus petit que le chou d'York ordinaire, ayant la pomme relativement un peu moins allongée, le pied plus court; les feuilles ont la même forme et la même couleur; il est de douze jours environ plus précoce.

CHOU
D'YORK GROS.

Syn. — . . . .

Noms étr. — **Angl.** C. d'York large.

Plus gros que le chou d'York ordinaire, à pomme plus courte, plus renflée, plus pleine, feuilles extérieures plus dressées, d'une étoffe plus ferme, moins habituellement pliée en deux; un peu moins lisses et marquées de quelques légères cloqures; un peu plus court de pied.

CHOU

COEUR DE BOEUF PETIT.

Syn. — ....

Noms étr. .....

Pomme en ovale renversé, obtuse, large à la base, serrée; feuilles de couleur vert foncé, comme celles du chou d'York, d'une étoffe assez ferme, quelquefois pliées en se renversant en dehors, plus ordinairement dressées ou concaves, arrondies, à nervures blanchâtres plus nombreuses et moins douces que dans le chou d'York.

Il est de dix jours environ plus tardif que le chou d'York gros.

Les choux cœur de bœuf sont une race pour ainsi dire intermédiaire entre les choux d'York et les choux pommés, tout en ayant plus d'affinité avec les choux d'York.

CHOU

COEUR DE BOEUF GROS.

Syn. — ...

Noms étr. — Angl. C. large french ox heart.

Il a les mêmes caractères, la même forme que le chou cœur de bœuf petit, il est un peu plus volumineux; de six à huit jours plus tardif.

CHOU

BACALAN.

Syn. — Chou de Saint-Brieuc. — Chou d'Angerville. — Chou pointu de Saint-Brieuc.. — Chou pommé de Craon.

Noms étr. — ....

Pomme oblongue, ressemblant par la forme à celle du chou cœur de bœuf, mais moins pointue; grosse et serrée, pied haut; feuilles amples, hautes, dressées, ondulées sur les bords et un peu dentelées, d'un vert foncé particulier, à nervures assez nombreuses, blanches et douces comme dans le chou d'York; les feuilles extérieures assez nombreuses.

Ce chou rivalise pour la précocité avec les cœur de bœuf; on en connaît deux races, l'une plus grosse, l'autre plus petite, et qui ne diffèrent que par les dimensions. Il est très estimé en Bretagne.

CHOU

POINTU DE WINNIGSTADT.

Syn. — ....

Noms étr. — All. K. früher weisser spitzer Winnigstadter.

Pomme en cône régulier, très serrée, de volume à peu près égal à celui du chou cœur de bœuf petit, plus régulièrement conique; feuilles d'un vert assez tendre, à nervures un peu grosses, les extérieures assez amples, mais courtes et arrondies, d'une texture ferme et lisse, pied très court.

Il est de la même saison que les cœur de bœuf et le Bacalan.

Nous avons reçu d'Allemagne cette variété remarquable.

CHOU

DE POMÉRANIE.

Syn. — CHOU CONIQUE.

Noms étr. — Angl. C. pomeranian.

Pomme en cône très allongé, se terminant ordinairement par une sorte de cornet formé par les feuilles, très pleine; feuilles d'un vert assez tendre, à nervures douces, d'une consistance ferme, cassantes, les extérieures amples et assez nombreuses; tige assez haute. Il est assez tardif et de la saison du chou de Saint-Denis.

CHOU

PAIN DE SUCRE.

Syn. — CHOU-CHICON.

Noms étr. — Angl. C. Surgarloaf. — All. K. spitzes Zuckerbrod.

Pomme en cône renversé, de la forme de celle d'une romaine ou chicon maraîcher, d'où lui vient le nom de chou-chicon; peu serrée; feuilles d'un vert très blond sur la face intérieure, vert blanchâtre sur la face extérieure, oblongues, raides et dressées comme celles d'une romaine, cloquées, capuchonnées d'une manière remarquable.

Ce chou se distingue entre tous les autres par sa forme et par sa couleur; il est précoce, de la saison du chou d'York gros.

CHOU
DE BATTERSEA.

Syn.— ....

Noms étr. — **Angl.** C. Battersea.

Pomme en cône renversé, plate en dessus, approchant de celle d'une romaine maraîchère, plus large que haute, peu serrée, feuilles d'un vert très blond sur la face intérieure, d'un vert blanchâtre sur la face extérieure, oblongues, raides et dressées, cloquées, capuchonnées d'une manière remarquable, plus grandes, plus nombreuses que dans le chou pain de sucre, ce qui constitue la principale différence entre ces deux variétés que quelques personnes confondent à cause de leur analogie; le chou pain de sucre est en outre un peu plus précoce.

Nous avons reçu cette variété d'Angleterre où elle est connue et cultivée depuis longtemps.

CHOU
FEMELLE.

Syn. — CH. DE FUMEL. — JUMILLIA DI CACALI DI CHIAVARI.

Noms étr. — ....

Pomme très déprimée au sommet, de grosseur moyenne, peu serrée, très blonde, feuilles largement cloquées, peu nombreuses, tournant presque toutes en pomme; pied très court. Ce chou, très remarquable par sa précocité, devance tous les autres choux-pommes, même les choux d'York les plus hâtifs; il paraît convenir pour les climats chauds, car il est très cultivé dans les environs d'Oran sous le nom de *jumillia di cacali di Chiavari;* le nom de chou femelle lui est donné dans quelques-uns de nos départemens du Sud.

CHOU

JOANET.

Syn. — CHOU NANTAIS. — CHOU JAUNET. — CHOU DE CHENILLET. — CHOU DE GENILLÉ. — CHOU POMMÉ D'ANGERS.

Noms étr.—....

Pomme à peu près ronde, un peu aplatie sur le sommet, assez petite, serrée, très blonde quand elle est faite; feuilles extérieures (celles qui ne forment pas la pomme), peu nombreuses, un peu glauques, et approchant de la couleur du chou d'York, assez amples, arrondies, et légèrement ondulées, nervures blanchâtres; pied très court.

Il est extrêmement précoce, et semé au printemps il pomme en même temps que le chou d'York hâtif. Il est très répandu dans l'Ouest. Il supporte mal les pluies et les hivers rigoureux.

CHOU

DE SAINT-DENIS.

Syn. — CHOU D'AUBERVILLIERS.

Noms étr.—...

Pomme ronde, un peu aplatie, et légèrement colorée de rouge pâle au sommet, grosse et ferme; feuilles extérieures assez nombreuses, embrassantes et serrées contre la pomme à la base, le bord supérieur souvent renversé en dehors, glauques, à nervures saillantes; pied assez haut.

A Aubervilliers, on plante par hectare 18,000 pieds, dont le produit moyen est d'environ 45,000 kilog.

On connaissait une sous-variété sous le nom de *chou de Bonneuil*; elle était plus précoce, mais elle s'est confondue avec la précédente et il n'est plus possible de la distinguer.

CHOU

DE HOLLANDE A PIED COURT.

Syn.—....

Noms étr.—....

Pomme ronde, de grosseur moyenne, quelquefois teintée de brun, ferme; feuilles extérieures peu nombreuses, amples, embrassantes, arrondies, glauques, à cloqûres larges et à nervures assez douces; pied épais, très court.

Sa maturité précède un peu celle du chou de Saint-Denis. Il en diffère en ce qu'il est beaucoup plus bas de pied, ses feuilles sont plus glauques et relativement plus amples.

CHOU

DE HOLLANDE TARDIF.

Syn. — GROS CHOU CABU DE HOLLANDE. — CHOU CAUVE.

Noms étr. — Angl. C. Large flat Dutch.

Pomme assez grosse, ronde, un peu déprimée, et souvent teintée de brun sur le dessus, ferme; feuilles extérieures assez nombreuses, très amples, embrassantes, arrondies, à cloqûres larges et à nervures assez douces, très glauques; tige haute. Il est plus haut de pied que le chou de Saint-Denis, plus glauque, les feuilles extérieures sont plus amples; il est plus tardif. Sa maturité devance de quelques jours seulement celle du chou quintal.

CHOU

DE VAUGIRARD.

Syn. — CHOU D'HIVER.

Noms étr.

Pomme ronde, déprimée en dessus, bien ferme et serrée, colorée de rouge brun; feuilles extérieures assez nombreuses, à nervures grosses, peu cloquées, d'un vert particulier, assez intense; pied court.

Il est tardif et a pour mérite principal de bien résister au froid, ce qui permet ordinairement de le garder sur pied jusqu'en mars.

CHOU

D'ALSACE DEUXIÈME SAISON.

Syn. —....

Noms étr. —....

Pomme aplatie, grosse, serrée, quelquefois légèrement colorée de brun sur le dessus, feuilles extérieures nombreuses, arrondies, assez courtes et dépassant peu la pomme, celles de la base à pétiole assez souvent long et nu, à nervures assez douces, glauques; pied très haut. Il devance le chou de St-Denis et pomme à peu près en même temps que le Bacalan. C'est une excellente variété.

CHOU
TÊTE DE MORT.

Syn. —....

Noms étr—....

Pomme de grosseur moyenne, ronde, très blonde et unie, très régulière, très serrée; feuilles extérieures petites, un peu allongées, unies, à nervures blanches, rappelant celles du cœur de bœuf; pied bas; de la saison du Bacalan. Excellente race.

CHOU
QUINTAL.

Syn. — CHOU DE STRASBOURG. — GROS CHOU D'ALLEMAGNE. — CHOU D'ALSACE.

Noms étr.—....

Pomme très grosse, ronde, déprimée sur le dessus, très ferme; feuilles glauques, de consistance ferme, raides, à nervures grosses, d'un aspect particulier; celles de la pomme ont le bord roulé en dehors; les extérieures sont assez nombreuses, courtes et ne dépassant guère la hauteur de la pomme; pied court.

Cette variété est très tardive et volumineuse; c'est le chou le plus gros des choux pommés.

CHOU
ROUGE PETIT.

Syn. — CHOU NOIRATRE.—CHOU ROUGE PETIT D'UTRECHT.

Noms étr. — **Angl.** C. red for pickling.

Pomme assez ronde, ordinairement colorée de rouge foncé ou de violet intense;

feuilles extérieures vertes, teintées de rouge, raides, peu nombreuses, pied assez court.

Il est plus hâtif de 10 jours environ que le chou rouge gros.

Cette espèce est très variable dans sa couleur et dans sa forme; celle que nous avons décrite est la plus précoce que nous connaissions, et celle qu'il nous paraît désirable de fixer.

CHOU
ROUGE GROS.

Syn. — ....

Noms étr. — **Angl.** C. red Dutch large.

Pomme assez grosse, ronde; feuilles de la pomme d'un rouge noir intense, les extérieures rouge mélangé de vert, raides, quelquefois pétiolées, assez nombreuses, tige haute. Ce chou est le plus tardif de tous les choux pommés; c'est celui que l'on préfère pour manger en salade, quoique toutes les espèces à pommes serrées puissent aussi être employées de cette manière.

2º CHOU DE MILAN.

Brassica oleracea bullata. (Dec.)

Syn. — Chou cloqué. Chou de Savoie. Chou cabu frisé. Chou de Hollande. Chou pancalier.

Noms étr. — **Angl.** C. Savoy. — **All.** K. Savoyer oder Wirsing. — **Ital.** Cavolo a Falpala.

Feuilles cloquées sur toute leur surface (parce que, selon Decandolle, le parenchyme se développe plus rapidement que les nervures et que par conséquent il ne peut être contenu dans l'espace qui existe entr'elles), d'un vert foncé, très serrées les unes contre les autres, formant une pomme moins serrée que dans les choux cabus, plus tendre, moins sujette au goût de musc.

CHOU DE MILAN
COURT HATIF.

Syn. — Chou de Milan nain. Chou Marcellin.

Noms étr. — ....

Pomme petite, déprimée, serrée; feuilles d'un vert foncé, assez nombreuses, étalées, peu amples, à cloqûres nombreuses, petites, saillantes; pied très court. Il succède au chou de Milan très hâtif, d'Ulm; il est tendre et très bon.

CHOU DE MILAN
TRÈS HATIF, D'ULM.

Syn. — ....

Noms étr. — **Angl.** C. Savoy new Ulm. — **All.** K. Savoyer grüner ausserordentlicher früher Ulmer.

Pomme petite, ronde, pleine; feuilles d'un beau vert, peu amples, de consistance épaisse, raides, à cloqûres nombreuses et saillantes; presque toutes contribuant à la formation de la pomme; assez haut de pied; très hâtif, excellent.

CHOU DE MILAN
ORDINAIRE.

Syn. — ....

Noms étr. — ....

Pomme ronde, assez grosse; feuilles d'un vert un peu glauque, d'une consistance moins raide que dans les précédens, plus embrassantes, à cloqûres plus douces, plus larges. Pied assez haut, se rapprochant un peu par le port du chou de Milan des Vertus, mais il est beaucoup moins gros.

CHOU DE MILAN
PANCALIER DE TOURAINE.

Syn. — ....

Noms étr. — ....

Pomme petite, peu serrée, mal formée; feuilles d'un vert foncé, nombreuses, étalées, assez amples, raides, à cloqûres nombreuses, fines, à côtes assez grosses, pied très court. Il a quelque ressemblance avec le chou de Milan court hâtif, mais il en diffère principalement par son volume qui est plus considérable; par sa pomme, qui est beaucoup moins serrée et par sa plus grande lenteur à se faire.

CHOU DE MILAN
DES VERTUS.

Syn. — Chou de Milan gros frisé d'Allemagne.

Noms étr. — ....

Pomme ronde, très grosse, très serrée; feuilles de la circonférence, très amples, embrassantes, d'un beau vert, moins foncé que dans les choux de Milan hâtifs, à cloqûres larges et douces, d'une consistance ferme, sans raideur; pied assez haut. — Il est tendre et bon, c'est le plus volumineux des choux de Milan, mais il résiste moins bien à l'hiver que les choux de Milan hâtifs d'Ulm, pancalier, etc.

A Aubervilliers, on plante par hectare 18,000 pieds, dont le produit moyen est d'environ 35,000 kilog.

CHOU DE MILAN
DU CAP.

Syn. — ....

Noms étr. — **Angl.** C. large Savoy. C. cap. Savoy. Drumhead Savoy.

Pomme moyenne, ronde, très serrée; feuilles très amples, embrassantes, plus hautes que la pomme, cloquures très fines et particulièrement glauques; pied haut.

CHOU DE MILAN
DE VICTORIA.

Syn. — ....

Noms étr. — **Angl.** C. Victoria Savoy.

Pomme moyenne, ronde, très serrée, d'un vert blond; feuilles extérieures assez nombreuses, arrondies, ne dépassant pas la pomme, quelquefois ondulées sur les bords, d'une consistance encore plus finement cloquées, un peu moins glauques, et, du reste, assez voisine du chou de Milan du Cap. Pied haut.

CHOU DE MILAN
DORÉ.

Syn. — ....

Noms étr. — **All**. K. Wirsing Blumenthaler. K. gelber Savoyer.

Pomme arrondie, très lâche, prenant une couleur tout à fait jaune pendant l'hiver; feuilles de la circonférence, embrassantes, d'un vert blond, à cloqûres assez larges et douces; pied court. Il est très tendre.

CHOU DE MILAN
A TÊTE LONGUE.

Syn. — CHOU FRISÉ POINTU.

Noms étr. — ....

Pomme petite, allongée, ovale, assez blonde, pas très serrée; feuilles étroites, allongées, dressées, ayant le bord renversé en dehors, d'un vert un peu glauque, à cloqûres assez fines, douces; tige haute. — Il est tendre et très bon.

CHOU
DE BRUXELLES.

Syn. — CHOU-ROSETTE. — CHOU A JETS. — CHOU A JETS ET REJETS. — CHOU SPRUYT DE BRUXELLES.

Noms étr. — **Angl**. Cabbage Brussels Sprouts. — **All**. grüner Sprossen. — K. Rosen Wirsing.

Cette espèce remarquable produit de 25 à 30 pommes très petites, de la grosseur d'une noix, très fermes, tendres, et d'un goût particulier, naissant à l'aisselle des feuilles inférieures, et comme celles-ci, disposées en spirale autour de la tige, qui s'élève de 0m,30 à 0m,60, suivant les variétés; celle-ci est terminée par un bouquet de feuilles étalées horizontalement, pétiolées et cloquées comme celles des choux de Milan et formant quelquefois une sorte de pomme, ce qui permet de la placer dans cette classe.

CHOU
DE RUSSIE.

Syn. — ....

Noms étr. — ....

Pomme petite, peu compacte, tendre et de très bonne qualité; feuilles d'un vert glauque, luisantes et comme vernissées, de consistance raide, découpées en lobes profonds et irréguliers, contournées et comme frisées, surtout sur la pomme; tige assez haute.

Cette variété a pour principal mérite de bien supporter l'hiver.

CHOU
VERT GLACÉ D'AMÉRIQUE.

Syn. — ....

Noms étr. — **Angl.** C. green glazed.

Pomme très peu serrée, feuilles nombreuses rondes, un peu ondulées sur les bords, d'un vert vif et comme vernies, peu cloquées, d'un aspect particulier qui les distingue entre tous les autres choux, arrondies amples; tige haute. Ce chou est particulièrement cultivé dans les provinces méridionales des États-Unis, où l'on prétend que la sorte de vernis qui couvre ses feuilles le garantit plus que les autres variétés de l'atteinte des chenilles. Il a le mérite de résister très bien à l'hiver, mais ses feuilles sont un peu dures, et, en résumé, ce n'est pas une très bonne race.

3° CHOUX VERTS ET CHOUX NON POMMÉS.
BRASSICA OLERACEA ACEPHALA. (DEC.)

Syn. — ....

Noms étr. — **Angl.** Borecole. Green-Kale. — **All.** Blätter-kohl. — **Esp.** Breton.

Feuilles ne formant pas de pomme, pétiolées, très allongées dans presque toutes les variétés; tige très haute dans plusieurs variétés et atteignant quelquefois 2 mètres et plus d'élévation.

CHOU
A GROSSE CÔTE VERT.

Syn. — Ch. Tronchouda.

Noms étr. — **Angl.** C. couve Tronchouda. C. Braganza.

Tige courte, mérithales très rapprochés; feuilles à pétiole très gros, blanc, charnu, presque entières ou à lobes peu profonds, d'un vert assez pâle, unies, marquées de nervures secondaires blanches et assez grosses, formant à l'arrière-saison une sorte de petite pomme très serrée.

Les feuilles extérieures et la pomme de ce chou sont très tendres; il résiste très bien au froid, et a besoin de fortes gelées pour acquérir toute sa qualité.

CHOU
A GROSSE CÔTE BLOND.

Syn. — ....

Noms étr. — ....

Il diffère du chou à grosse côte vert par la couleur moins verte de ses feuilles; les pétioles ou côtes des feuilles sont également grosses et peut-être plus tendres; il résiste moins bien aux gelées.

CHOU
A GROSSE CÔTE FRANGÉ.

Syn. — Ch. Fraisé. — Ch. Fraise de veau.

Noms étr. — ....

Tiges courtes, feuilles à pétiole épais moins charnu que dans le chou à grosse côte ordinaire, s'élargissant et se divisant en une sorte de spatule, creusées en cuillère au centre, très relevées sur les bords, irrégulièrement lobées ou déchiquetées, contournées, ondulées, d'un vert glauque, formant une sorte de petite pomme assez ferme.

Ce chou a pour mérite principal de résister très bien à l'hiver et de fournir lorsque tous les choux pommés sont épuisés et jusqu'au moment où les choux de printemps commencent à donner. Il est assez tendre et passablement cultivé aux environs de Paris.

CHOU

CAVALIER.

Syn. — Grand chou de Bretagne. — Ch. arbre. — Ch. vert. — Ch. sans tête. — Ch. arbre de Laponie. — Grand chou a vache. — Ch. asperge.

Noms étr. — All. Blätter kohl Riesen.

Tige haute de 1m,60 à 2 mètres et plus, feuilles longues de 0m,60 à 0m,80, presque entières à la partie supérieure, arrondies, à pétiole ordinairement nu, mais souvent accompagné d'oreillettes épaisses; unies, d'un beau vert; disposées sur toute la longueur de la tige, qui prend un accroissement plus considérable quand on cueille celles de la base.

Quoique cette variété soit plus habituellement cultivée pour la nourriture des bestiaux, ses feuilles sont assez tendres et bonnes à manger. Elle est rustique et résiste bien au froid.

CHOU

CAULET DE FLANDRES.

Syn. — Ch. cavalier rouge.

Noms étr. — ....

Cette sous-variété du chou cavalier n'en diffère qu'en ce que les tiges, les pétioles et les nervures des feuilles sont colorées de violet; c'est, du reste, le même port et les mêmes dimensions; il est peut-être encore plus rustique que le chou cavalier.

CHOU

BRANCHU DU POITOU.

Syn. — Chou mille têtes. — Chou d'Angers. — Chou mille-oeils. — Chou d'hiver a drageons.

Noms étr. Angl. C. thousand headed. — All. Blätterkohl tausendköpfiger.

Tige dépassant rarement 1m,60; feuilles ressemblant par la forme et par la couleur à celles du chou cavalier, produisant à leur point d'insertion sur la tige, des branches ou faisceaux de feuilles qui donnent à cette variété l'aspect d'un buisson épais.

Il est très cultivé pour la nourriture des bestiaux dans les provinces de l'Ouest; il est peut-être au moins aussi productif que le chou cavalier, mais il est moins rustique et souffre davantage dans les hivers rigoureux.

CHOU

MOELLIER.

Syn. — Chou a moelle. — Chou chollet.

Noms étr.—....

Tige de 1^m,60 environ, renflée en massue vers l'extrémité supérieure et atteignant à peu près 0^m,05 dans son plus grand diamètre, remplie d'une moelle succulente et que les bestiaux mangent avec avidité; feuilles presque entières, à pétioles courts, larges, blondes et charnues.

Cette variété, cultivée particulièrement en Bretagne, est sensible à la gelée et demande un climat tempéré pendant l'hiver.

CHOU

MOELLIER A TIGE ROUGE.

Syn.— Chou a grand pied.

Noms étr.... —

Tige violette, paraissant être plus grosse que dans la race ordinaire du chou moellier, de la grosseur du bras, haute de 1^m 50, surmontée par un faisceau de feuilles amples, à pétiole court, vertes. Cette magnifique race nous a été communiquée par M. Polo.

CHOU

DE LANNILIS.

Syn.—....

Noms étr.—....

Tige de 1^m,60 environ, plus grosse, plus courte que dans le chou cavalier; feuille entière, allongée, d'un vert blond, d'étoffe épaisse et charnue, à pétiole plus gros que dans le chou cavalier, plus court, rarement accompagné d'oreillettes.

Cette variété diffère du chou cavalier par son port moins élevé, plus ramassé, par sa feuille plus blonde, plus entière, plus succulente; par sa tige plus grosse et plus charnue, renflée souvent comme l'est celle du chou moellier dont il n'est pas toujours facile de le distinguer.

CHOU

VIVACE DE DAUBENTON.

Syn. — ....

Noms étr. — ....

Tige de 1^m,20 à 1^m,50; feuilles longues de 0^m,50 à 0^m,60, larges, d'un vert intense, à pétioles nus, longs, assez flexibles, qui se couchent sur terre, et s'y enracinent quelquefois, ce qui a fait donner à cette variété le nom de vivace.

Ce chou est rustique, d'un assez bon produit, mais inférieur sous ce rapport au chou branchu.

CHOU

A FAUCHER.

Syn. — ....

Noms étr. — ....

Feuilles radicales, longues de 0^m,30 à 0^m,40 profondément lobées ou lyrées; hispides sur les bords et sur les nervures, d'un vert assez intense; pétiole blanchâtre; formant une touffe assez fourrageuse qu'on pourrait faucher plusieurs fois.

Cette variété, rarement cultivée pour les bestiaux, mérite peu de trouver place dans le potager. Decandolle la classe à côté du colza et en fait le type d'une race distincte sous le nom de *Brassica campestris pabularia*.

CHOU

FRISÉ VERT GRAND DU NORD.

Syn. — CHOU FRISÉ D'ÉCOSSE.

Noms étr. — **Angl.** Borecole Gernan tall green. — **All.** Blätterkohl hoher grüner vorzuglich krauser.

Tige de 1^m,25 terminée par un faisceau de feuilles longues de 0^m,50 à 0^m,60, étroites, profondément lobées et frisées, inclinées à l'extrémité, d'un beau vert.

Cette variété, très ornementale, résiste bien au froid, ses feuilles sont assez bonnes lorsqu'elles ont été attendries par la gelée.

CHOU

FRISÉ ROUGE GRAND.

Syn. — CHOU CAPOUSTA.

Noms étr. — **Angl.** Borecole German tall red. — **All.** Blätter-kohl hoher schwarz brauner vorzuglich krauser.

Sous-variété à feuilles d'un rouge violacé.

CHOU

FRISÉ VERT A PIED COURT.

Syn. — ....

Noms étr. — **Angl.** Borecole German dwarf green. — **All.** Blätterkohl niedriger vorzuglich krauser grüner.

Sous-variété dont la tige ne s'élève qu'à $0^m,40$ à $0^m,50$.

CHOU

FRISÉ ROUGE A PIED COURT.

Syn. — ....

Noms étr. — **Angl.** Borecole German dwarf red. — **All.** Blätterkohl niedriger vorzüglich krauser brauner.

Sous-variété à feuille d'un rouge violacé, à tige de $0^m,40$ à $0^m,50$.

CHOU

FRISÉ PANACHÉ.

Syn. — ....

Noms étr. — **Angl.** Borecole canadian variegated. — **All.** Blätterkohl bunter ganz vorzuglich schöner geschecter.

Tige de $0^m,50$; feuilles de dimensions très irrégulières, lobées, déchiquetées contournées et frisées, se panachant diversement de vert ou de rouge, ou lilas sur fond blanc ou de rouge sur fond vert, surtout après que les premiers froids sont survenus.

Cette variété est très jolie, très propre à l'ornementation des tables, elle trouve même très bien sa place dans les bouquets. Elle résiste à des froids rigoureux et sa feuille est assez tendre.

CHOU
FRISÉ PROLIFÈRE.

Syn. — ....

Noms étr. — ....

Tige de 0m,50. Feuilles de dimensions très irrégulières, généralement lyrées ou auriculées, de couleur vert un peu glauque; des nervures et de la surface même de la feuille sortent des excroissances foliacées plus fortes surtout sur la nervure principale qui donnent également naissance à un nombre infini de productions de la même nature. Il existe des variétés panachées intermédiaires entre le violet et le blanc, la panachure portant principalement sur les nervures et s'étendant sur la partie de la feuille qui les touche.

Cette variété est très rustique.

CHOU
PALMIER.

Syn. — Chou corne de cerf. — Chou noir.

Noms étr. — All. Blätterkohl Palmbaum. K. Italienischer.

Tige de 1m,80 à 2 mètres, terminée par un faisceau de feuilles entières longues de 0m,60 à 0m,80, larges de 0m,10 environ, roulées sur les bords vers la partie inférieure de la feuille, raides, dressées vers leur origine, inclinées vers l'extrémité, finement cloquées comme celles du chou de Milan, d'un vert foncé.

Ce chou est remarquable par l'élégance de son port, et constitue une variété plus ornementale qu'utile.

CHOU

FRISÉ DE NAPLES.

Syn. — ....

Noms étr. — **Angl.** Kohl-Rabi Neapolitan curled leaved. — **Ital.** C. pavonazza.

Espèce intermédiaire entre les choux pommés et les choux-raves. Sa tige, comme celle du chou-rave est renflée, mais au lieu de l'être immédiatement au-dessus du collet, elle l'est à 0m,06 à 0m,08 seulement de la surface de la terre. Ce renflement ordinairement ovale, produit à son sommet un grand nombre de feuilles et sur son côté et à la base, il donne naissance à des rejetons ou espèces de renflemens qui se terminent en bouquets de feuilles. Celles-ci sont longues de 0m,25 à 0m,30, ont le pétiole long, délié, sont palmées dans le genre du chou à grosse côte frangé, frisées et frangées, d'un vert un peu glauque et d'un joli effet.

Le renflement de la tige est charnu, et peut être mangé comme le chou-rave, mais c'est plutôt une variété ornementale.

CHOU

VARIÉTÉS DE PROVENANCE FRANÇAISE.

D'Amérique. 1829. De la race du chou à faucher; feuille découpée, à côte nue rougeâtre, radicale; rejetons nombreux.

Asperge. 1836. Sorte de colza à feuille ample, rouge, hispide dans certaines parties comme celle du navet.

Cabus d'Alais. 1836. Beaucoup plus hâtif que le Saint-Denis; feuilles moins amples, pomme plus ronde; voisin pour la précocité du Cœur de bœuf.

Cabus de Cahors. Variété voisine du chou quintal.

Marbré de Saint-Claude (à Genève).

Pommé blanc bordé bleu.

Cabus blanc à côte bleue.

Cristallin (à Villefranche).

De Constance.

De Bourgogne, assez gros chou pommé à feuilles très glauques dont les nervures sont violettes.

Chou cœur de bœuf doré. Identique au Cœur de bœuf petit.

De Dax. Probablement identique au bacalan.

Épinard. Chou vert nain, ondulé, demi-frangé, à pétiole très nu.

De Habas. Race très particulière, cultivée dans le département des Basses-Pyrénées, à grosse pomme, plate, ferme; grandes feuilles blondes, nervures douces; tardif; ne ressemble à aucune de nos races.

D'Ingreville. 1852. Pomme conique comme dans le Winnigstadt, feuille ronde, légèrement cloquée. (Lot peu régulier).

Malein.
Prompt d'Ingreville. } Races peu franches, paraissent voisines du chou de Saint-Denis.

De Milan court perfectionné. Voisin du chou pancalier de Touraine.

De Milan gros de Mont-de-Marsan. Gros, tardif, intermédiaire entre le Milan ordinaire et celui des Vertus.

Minette. 1840. Voisin du chou vivace de Daubenton, à feuilles rougeâtres, tige rouge.

Chou Morat. 1830. Bonne race, assez voisine du chou de Saint-Denis.

De Plougeau. Voisin du chou de Milan des Vertus.

Petit hâtif de Quévilly. 1850. Petit chou cabus hâtif voisin du Joanet.

Quintal de Constance. 1842. Identique au chou rouge gros.

Romain. 1850. Gros chou de Milan à feuilles largement cloquées, pomme conique, hâtif.

Rouge de Liège. 1834. Identique au chou rouge gros.

Superbe de Hutton. 1852. Pomme conique, de la forme du Winnigstadt; feuille ronde, légèrement cloquée; race peu régulière.

De trois ans. 1842. Voisin du chou palmier.

Vert de montagne. 1847. Sorte de chou vert demi-frisé, n'ayant rien de remarquable.

De Murcie. 1854. Pomme grosse, un peu pointue, d'un vert tendre, un peu glauque; feuilles très amples, embrassantes, d'un vert cendré, très glauques. Presqu'aussi hâtif que Cœur de bœuf; assez bonne race.

Royal hâtif. 1854. Très voisin du ch. Tête de mort, s'il n'est identique.

De Quiave. 1854. Race peu suivie; quelques choux sont voisins du ch. femelle, en général plus glauques, plus hautes de pied.

De Pise. 1854. Très probablement identique à ch. Joanet.

De Milan de Victoria.

Cattell's early reliance. 1854. Voisin de notre Cœur de bœuf, un peu plus blond.

Dwarf Marcellan Savoy. 1854. Assez voisin du Milan de Victoria, plus tardif; entièrement différent du ch. Marcellin ou Milan court hâtif.

Buda Kale. 1854. Chou vert à faucher paraissant voisin de la race qui porte ce nom, mais à feuilles plus larges.

CHOU

VARIÉTÉS ANGLAISES ET AMÉRICAINES.

Mac Evens. 1846. Très voisin du nain hâtif.

Schilling's queen cabbage. 1847. Intermédiaire entre York et cœur de bœuf.

Burn's new early. 1846. Très voisin du York gros.

Non pareil. 1849. Voisin du cœur de bœuf petit.

Early Emperor. 1848. Très probablement analogue au cœur de bœuf petit.

Green curled Savoy. 1848. Voisin du chou de Milan du Cap.

Preston's Victoria. A pied très court, à pomme conique, lavée de violet. Paraît tardif.

New cabbaging Borecole. 1848. Chou frisé, vert très bas de pied, formant au centre une petite pomme très ferme.

Giant Borecole. 1848. Chou rouge grand à feuilles crispées plutôt que frisées.

Delaware Borecole. Sorte de chou cavalier ramifié, différent du chou branchu.

Chou Cesarean Waterloo. Identique au chou cavalier.

Comstock's proemium flat Dutch. 1852. Pomme ronde, plutôt petite, feuilles de la pomme ondulées et festonnées, feuilles extérieures grandes, arrondies; haut de pied, tardif.

Large Drumhead. 1852. Gros chou cabus très tardif, se rapprochant du quintal, feuilles plus vertes, non ondulées.

Early hope. 1852. Voisin du Cœur de bœuf petit.

Early peacock. 1850. Identique au cabbage.

Enfield Market. 1854. Très voisin de Cœur de bœuf petit.

Mac Evens true early. Intermédiaire entre ch. Cabus et Cœur de bœuf, feuilles arrondies à grosses nervures blanches, pomme assez allongée, un peu tardif.

Vanuack. Très voisin du York gros.

Eastham. 1841. Sorte de Cœur de bœuf à pied très court.

Wheeler's imperial. Voisin de York gros.

Improved red. Identique au chou rouge petit.

Rape Kale. 1843. Petit chou vert à nervures rouges, se ramifiant à la base.

New bold improved june. 1850. Intermédiaire entre York et Cœur de bœuf gros.

New early screw. 1840. Voisin du nain hâtif.

Paynton. Pied très haut comme dans le chou d'Alsace deuxième saison, pomme conique, serrée, peu volumineuse, beaucoup de feuilles.

Preston's Victoria. 1851. Voisin du Cœur de bœuf gros.

Borecole new cabbaging. Identique au chou frisé vert grand.

Schilling's early sweet. Voisin du Cœur de bœuf.

Lewisham. Très voisin de York gros.

Jerusalem Kale. 1854. Sorte de chou frisé vert peu franc.

Mitchell's Prince Albert. 1854. Très voisin du Cœur de bœuf gros ; peut-être un peu plus blond.

Barnes's early dwarf. 1854. Mélange de Cœur de bœuf et d'York.

Delaware Kale. 1854. Chou vert à feuille frisée seulement sur les bords, d'un vert très glauque.

Asparagus Kale. 1854. Très voisin de Delaware Kale.

Green globe Savoy. 1854. Paraît identique à ch. de Milan de Victoria.

Siberian Kale. 1854. Mélange de plusieurs variétés de choux à fourrage.

Swedenburgh Cattle. 1854. Chou pommé voisin du ch. de Hollande tardif.

Early Paradise. 1854. Identique à notre ch. d'York hâtif.

Early Shakespeare. 1854. Identique à notre Cœur de bœuf gros.

Large Drumhead (des Américains). 1854. Ne paraît pas sensiblement différent du ch. de Hollande tardif.

Flat Dutch (des Américains). 1854. Ne paraît pas sensiblement différent du chou de Hollande tardif.

Bergen. 1854. Paraît identique à notre chou quintal.

Comstock's prœmium flat Dutch. 1854. Paraît identique au chou de Brunswick.

CHOU

VARIÉTÉS ALLEMANDES.

Kopfkohl sehr grosser weisser platter Braunschweiger. 1847. Excellente race, à pied très court, ayant peu de feuilles, à pomme aplatie, intermédiaire entre le chou de Saint-Denis et le Hollande.

Savoyer mittelfrüher grüner Kohl. 1847. Identique au Milan court hâtif.

Kopfkohl Erfurter kleiner früher fester. 1851. (Chou pommé blanc hâtif d'Erfurt). Très petit, à pomme plate et serrée, très court de pied, n'ayant presque pas de feuilles; excellent de forme et de précocité.

Kopfkohl früher Englischer zucker. 1847. Voisin du chou nain hâtif.

4° CHOU-RAVE.

Syn. — Chou de Siam.

Noms étr. — **Angl.** Kohlrabi above ground. — **All.** Kohlrab über der Erde. — **Ital.** Cavolo rapa.

Brassica caulo-rapa (Déc.) *B. gongilodes* (Lin.).

Tige renflée immédiatement au-dessus de terre, formant une sorte de boule sur laquelle sont implantées les feuilles qui sont entièrement glabres, pétiolées, lobées ou lyrées.

Usage. — On mange la partie renflée de la tige avant qu'elle soit complètement développée; dans cet état, elle est tendre, et participe, pour le goût, du chou et du navet.

CHOU-RAVE
BLANC.

Syn. — ....

Noms étr. — **Angl.** Kohlrabi green. — **All.** Kohlrabi über der Erde später grosser weisser zarter. — **Ital.** Cavolo rapa bianco.

La boule ou renflement de la tige a environ $0^m,15$ de diamètre, elle est d'un vert très pâle, presque blanche; les feuilles assez amples et nombreuses; cette variété est la plus tardive.

CHOU-RAVE
VIOLET.

Syn. — ....

Noms étr. — **Angl.** Kohlrabi purple. — **All.** Kohlrabi über der Erde später grosser feiner blauer.

Cette variété ne diffère du chou-rave blanc ordinaire que par la couleur de la boule qui est violette, les feuilles ont le pétiole et les nervures teints de violet.

CHOU-RAVE
BLANC HATIF.

Syn. — ....

Noms étr. — **All.** Kohlrabi über der Erde mittelfrüher grosser feiner weisser Glas.

La boule est un peu plus petite que dans le chou-rave blanc ordinaire, est plus précoce à se former, les feuilles sont moins amples et moins nombreuses.

CHOU-RAVE
BLANC TRÈS HATIF DE VIENNE.

Syn. — ....

Noms étr. — **All.** Kohlrabi über der Erde ganz früher Wiener feiner weisser.

La boule, plus petite que dans toutes les autres variétés, est généralement plus arrondie, les feuilles ont le pétiole très délié, sont plus petites, moins nombreuses, et presque toutes posées sur le sommet du renflement.

Cette variété est la plus précoce.

CHOU-RAVE
VIOLET TRÈS HATIF DE VIENNE.

Syn. — ....

Noms étr. — **All.** Kohlrabi über der Erde ganz früher Wiener blauer.

Ce chou-rave a les qualités de la variété blanche dont il ne diffère que par la couleur des feuilles et du renflement.

CHOU-RAVE
A FEUILLE D'ARTICHAUT.

Syn. — ....

Noms étr. — **Angl.** Kohl-Rabi artichoke leaved.

Dans cette variété, la boule est moins grosse et moins nette que dans les autres races; les feuilles profondément découpées ou laciniées donnent à la plante un aspect élégant qui fait son principal mérite.

5° CHOU-NAVET.

Syn. — Chou-rave en terre.

Noms étr. — **Angl.** Cabbage turnip rooted. — **All.** Kohlrabi in der Erde. Koklrübe. — **Ital.** Cavolo navone.

Brassica campestris napo-brassica.

Racine renflée à chair serrée; les jeunes feuilles radicales sont hispides comme dans le chou colza; lors de leur complet développement, elles sont longues de $0^m,30$ environ, lobées ou lyrées, d'un vert gai, à pétiole et nervures blancs ou légèrement lavés de rouge.

Usage. — On mange la racine qui a la saveur du chou-rave.

CHOU-NAVET
BLANC.

Syn. — ....

Noms étr. — **All.** Kohlrabi in der Erde weisser kelrot. Rutabaga.

Racine oblongue, large de $0^m,20$ environ, dans son plus grand diamètre, longue de $0^m,25$ environ; souvent déformée par des racines adventives; chair blanche, ayant le goût du chou-rave.

CHOU-NAVET
BLANC A COLLET ROUGE.

Syn. — ....

Noms étr. — ....

Sous-variété du chou-navet blanc dont elle ne diffère que par la teinte rouge ou violette qui colore le collet de la racine, ainsi que le pétiole et les nervures de la feuille.

Les choux-navets résistent aux plus grands froids.

CHOU RUTABAGA.

Syn. — Chou-navet de Suède.

Noms étr. — **Angl.** Swedish turnip. Rutabaga. — **All.** kohlrab in der Erde gelber.

Racine de forme ronde ou oblongue suivant les variétés, assez régulière, à peau jaune, nuancée vers le collet de la racine, de vert ou de violet, suivant les variétés; feuilles différant peu de celles du chou-navet blanc et ne présentant que des nuances de couleur ou d'ampleur, suivant les variétés.

Usage. — Le chou Rutabaga est un bon légume, préférable même au chou-navet blanc, sa racine est plus nette et plus prompte à se faire.

CHOU RUTABAGA

A collet vert. Racine arrondie à peau et à chair jaunes colorées de vert au collet.

CHOU RUTABAGA

De Skirving. Racine obronde, très nette et belle, à collet rouge, un peu hors de terre; en Angleterre, on lui trouve le défaut de résister au froid moins bien que d'autres variétés.

CHOU RUTABAGA

De Fettercairn. Racine d'une belle grosseur, presque sphérique, à collet violet. (1).

De Laing. Remarquable par ses feuilles très grandes et entières, qui se tiennent horizontalement; racine grosse, bien nette, sphérique et très rustique à collet violet (2).

---

(1) C'est par erreur que, sur notre Catalogue de graines fourragères, nous avons indiqué que cette variété a le collet vert.

(2) Même observation.

6° CHOUFLEUR.

Syn. — ....

Noms étr. — **Angl.** Cauliflower. — **All.** Blumen-Kohl. — **Esp.** Coliflor. — **Port.** Couve-flor. — **Ital.** Cavolo di Malta.

Brassica oleracea Botrytis cauliflora. (Déc.).

Decandolle décrit ainsi le choufleur: « La race à laquelle, pour éviter toute confusion, je suis obligé de donner le nom de *Botrytis*, a une organisation toute particulière; les rameaux florifères, au lieu d'être disposés en pyramides, comme une panicule, sont serrés à partir de leur base, et forment une espèce de corymbe régulier; à ce caractère, il faut en ajouter un autre qui est la conséquence naturelle du premier; les pédicelles étant étroitement serrés les uns contre les autres, avant la floraison, perdent leur forme, deviennent charnus en adhérant les uns contre les autres et, en général, ne produisent que des rudimens de fleurs avortées.... » Ce corymbe ou tête de choufleur est blanc jaunâtre, atteint des dimensions différentes, est plus ou moins serré, a le grain plus ou moins fin suivant les variétés; cependant, une partie des fleurs se développent en se désagrégeant, et sont supportées par une tige rameuse qui s'élève à environ $1^m,25$. Les feuilles sont entières, allongées, légèrement ondulées, renversées en dehors à l'extrémité, d'un vert glauque, à pétiole épais et à nervures blanchâtres. La graine est généralement plus petite et de grosseur moins régulière que dans les autres variétés du chou cultivé.

CHOUFLEUR

TENDRE.

Syn. — Choufleur petit Salomon.

Noms étr. — ....

Cette variété a la tête moins grosse que celle du choufleur demi-dur, elle se forme plus vite, se divise plus promptement; les feuilles sont moins nombreuses, moins ondulées, moins renversées à leur extrémité, plus étroites; il est plus haut de pied.

Il convient plus particulièrement aux semis du printemps (du 15 avril au 15 mai), pour consommer de juillet en septembre.

CHOUFLEUR
DEMI-DUR.

Syn. — Choufleur gros Salomon.

Noms étr. — ....

Le capitule ou tête de cette variété atteint de 0^m,20 à 0^m,25 de diamètre et même davantage, suivant les races, le grain en est blanc et serré, elle dure assez longtemps avant de se désagréger et de monter; les feuilles sont amples, ondulées, renversées en dehors, d'un vert glauque, mais du reste de caractère très variable suivant le goût des jardiniers, qui modifient très facilement les races.

Le choufleur demi-dur convient particulièrement pour semer en été (du 1er au 15 juin à Paris) afin d'obtenir la pomme en octobre, novembre et décembre; il convient également pour les semis du printemps.

CHOUFLEUR
DUR DE PARIS.

Syn. — ....

Noms étr. — ....

Cette variété a la tête aussi volumineuse que celle du choufleur demi-dur; c'est une sous-variété un peu tardive, choisie dans ce dernier; il ne s'en distingue que par moins de précocité, par sa feuille plus ample, par son pied un peu plus court.

Il convient pour les semis du mois de juin, il fournit à l'automne après le choufleur demi-dur.

CHOUFLEUR
DUR DE HOLLANDE.

Syn. — ....

Noms étr. — ....

Cette variété est de vingt jours environ plus tardive à pommer que le choufleur demi-dur; il forme une tête volumineuse à grain fin et très blanc; la feuille est beaucoup plus ample que celle du choufleur demi-dur.

Il convient de ne pas le semer plus tard que le mois de mai pour obtenir la pomme en novembre.

CHOUFLEUR
DUR D'ANGLETERRE.

Syn. — ....

Noms étr — ....

Ce choufleur est de huit à dix jours plus tardif que le dur de Hollande, auquel il ressemble du reste beaucoup; il convient pour les semis de la même époque.

Les variétés de choufleurs sont très nombreuses, celles de Malte, de Chypre, d'Erfurt, etc., sont renommées, mais elles ne sont pas sensiblement différentes de celles que nous avons adoptées, et qui nous ont paru les meilleures.

CHOUFLEUR
NOIR DE SICILE.

Syn. — Brocoli violet nain hâtif.

Noms étr. — ....

Cette variété, que nous avons longtemps cultivée sous le nom de Brocoli, et que les marchands étrangers vendent sous le nom de choufleur, nous a paru effectivement appartenir plutôt aux choufleurs qu'aux brocolis; ses feuilles allongées, presque entières, sont glauques, dressées, à nervures très douces, peu nombreuses; la pomme large, régulière, d'un violet foncé, a le grain assez gros, mais passablement serré; sa pomme ressemble à celle des brocolis, mais il appartient au choufleur par ses feuilles et par sa précocité; semé en avril, il est complètement pommé en septembre.

CHOUFLEUR
ESPÈCES DIVERSES.

Énorme précoce de Malte. 1834. Bonne race très tardive.

A feuille de Chou-rave. 1843. La feuille ressemble un peu à celle du chou-rave; il part du collet des jets nombreux de feuilles, mais il n'y a pas apparence de pomme.

Printanier de Lyon. Bonne race très précoce.

7º CHOU BROCOLI.

Syn. — ....

Noms étr.—**Angl.** Brocoli.—**All.** Brocoli.—**Ital.** Brocoli Romani.

Brassica oleracea Botrytis cymosa. (Déc.).

Le brocoli se distingue du choufleur par ses feuilles plus nombreuses, moins allongées; celles-ci sont ondulées, un peu contournées; celles qui entourent la pomme (ou tête) et qui ne sont pas complètement développées, sont comme frisées par des ondulations plus nombreuses et plus courtes; la nervure médiane est grosse, ferme, et donne à la feuille une certaine raideur, les nervures secondaires sont nombreuses, blanches. Vers le point d'attache des feuilles, le pétiole est plus souvent dénudé que dans le choufleur, la couleur des feuilles est plus glauque. La pomme fine et serrée ne se distingue pas de celle du choufleur dans les bonnes variétés blanches; dans les variétés violettes, la pomme est ordinairement petite et le grain (boutons de la fleur) en est gros et peu serré.

CHOU BROCOLI
BLANC HATIF.

Syn. — ....

Noms étr. — ....

Il existe de nombreuses races ou sous-variétés qui ont pour caractère commun d'avoir la pomme blanche, ressemblant à celle du choufleur; la race à laquelle nous donnons la préférence et que nous tenons d'un maraîcher habile qui en cultive chaque année une grande quantité, a les feuilles médiocrement amples, d'une tenue un peu raide, nombreuses et abritant la pomme qui est grosse, bien faite, prompte à se former et lente à se désagréger.

CHOU BROCOLI
BLANC MAMMOTH.

Syn. — ....

Noms étr. — .... Angl. B. Mammoth.

Nain et trapu, feuilles extérieures amples, courtes, arrondies, sensiblement ondulées, à épiderme crispé sur les nervures secondaires dans la courbe des ondulations, à pétiole nu, celles du centre serrées, courtes, rabattues sur la pomme qui est blanche et très grosse : il est tardif, ne donnant sa pomme que vingt jours après la variété que nous avons décrite sous le nom de Brocoli blanc hâtif ; il a aussi pour mérite essentiel d'être rustique et en résumé, c'est une variété très recommandable.

Ce Brocoli nous a été envoyée d'Angleterre où l'on cultive un très grand nombre de variétés à pommes blanches, jaunâtres ou vertes, parmi celles que nous avons essayées, celle dite Mammoth, nous a paru remarquable, et aucune des autres ne nous a paru préférable, du moins pour notre climat, à notre race de Brocoli blanc hâtif.

CHOU BROCOLI
VIOLET.

Syn. — ....

Noms étr. — ....

Pied très haut; feuilles peu serrées sur la tige, pointues, ondulées, lobées; pétiole presque nu, violet rougeâtre, la nervure médiane également teinte de violet; le cœur de la plante est peu garni, la pomme, le plus souvent mamelonée ou divisée, a le grain très gros, est violette ou violet verdâtre. Il est précoce, et fait sa pomme au moins aussi promptement que le Brocoli blanc hâtif.

CHOU BROCOLI.
VARIÉTÉS DIVERSES.

Dwarf late white Russian. 1853. Pied très court; feuilles courtes, presque égales en longueur, un peu pointues, presque entières, très peu ondulées, même au centre où elles sont très serrées; pomme petite, assez fréquemment feuillue. Il ne donne sa pomme que trente jours environ après le Brocoli blanc hâtif.

Dwarf purple. 1853. Pied très court; feuilles lobées, ondulées, d'un vert très foncé, à nervures et pétiole rougeâtres, celui-ci très long, garni d'oreillettes, les feuilles horizontales ou couchées sur la terre, peu nombreuses au centre, et couvrant mal la pomme qui est assez serrée à gros grain violet verdâtre. Il suit à huit ou dix jours de distance le Brocoli violet ordinaire.

Grange's. 1841. Très bon, nain à pomme très serrée et recouverte par les feuilles.

Portsmouth. Bon, tardif, grosse pomme à grain serré, feuilles ondulées, voisin du Mammoth.

Maule's late white. 1851. Race très particulière, à feuilles courtes, pressées sur la pomme qui est blanche et à grain serré; il est très bon, toutefois inférieur à Mammoth.

Walcheren. Variété très tardive de choufleur, quoique sur les catalogues anglais il soit classé parmi les Brocolis.

Blanc à feuille de choufleur. 1853. Grand et vigoureux, ses feuilles sont très amples et presque entières, moins raides que dans la race ordinaire, celles du cœur moins serrées; les nervures moins nombreuses sont plus douces; la pomme très belle et grosse est notablement bombée; il est aussi précoce que le blanc hâtif et très bon, mais il n'est pas bien fixe ni régulier dans sa race.

CIBOULE

COMMUNE.

Syn. — ....

Noms étr. — **Angl.** Welsh onion. — **All.** Zipolle. Rohrenlauch. — **Esp.** Cebolleta. — **Port.** Cebolinha. — **Ital.** Cipoletta.

Allium fistulosum. — Fam. des *Liliacées.*

De la Sibérie? Vivace. (Bisannuelle dans la culture.) Racine composée ordinairement de plusieurs bulbes allongés, déprimés, d'un côté, dont les tuniques colorées de brun rougeâtre à la partie inférieure se prolongent jusqu'à la base des feuilles qu'elles enveloppent en devenant d'un blanc argenté. Feuilles nombreuses, fistuleuses, d'un vert glauque, longues de 30 centimètres environ: tige de 50 centimètres renflée vers le milieu, surmontée par des fleurs en ombelle globuleuse blanc verdâtre, accompagnée d'une spathe à deux valves, blanc verdâtre; graine noire arrondie en rognon d'un côté, anguleuse du côté opposé, déprimée et concave sur l'une des faces. Sa durée germinative est de 2 années; 10 grammes contiennent 12,100 graines; le litre pèse 500 grammes.

Usage. — On emploie les feuilles comme condiment à cause de leur forte odeur alliacée.

Culture. — Voir *Almanach du Bon Jardinier* 1854, p. 455.

CIBOULE

BLANCHE HATIVE.

Syn. — C. VIERGE.

Noms étr. — ....

Variété de la ciboule commune. Bulbes blanc rosé dont les tuniques deviennent blanc d'argent vers le collet et à la naissance des feuilles qu'elles embrassent; feuilles vert glauque plus foncé que dans la ciboule commune, plus raides, plus longues, moins sujettes à se dessécher à l'extrémité. Elle tale moins que la variété ordinaire, est moins productive en feuilles; celles-ci sont plus tendres et d'un goût moins fort; elle perd complètement ses feuilles pendant l'hiver, mais elle repousse de très bonne heure au printemps.

CIBOULE

VIVACE.

Syn. — C. DE SAINT-JACQUES.

Noms étr. — ....

Allium lusitanicum? (LAMK.) — Fam. des *Liliacées.*

Bulbes très allongés, nombreux, fixés à la base sur un plateau commun, de couleur brun rougeâtre plus foncé que dans la ciboule commune; tuniques se prolongeant sur le collet et sur la base des feuilles où elles sont blanches. Feuilles d'un vert bleuâtre très glauque, un peu plus longues, moins grosses, plus raides, plus abondantes que dans la ciboule blanche, mais un peu plus grosse que dans la ciboule commune. Elle produit quelquefois une tige terminée par une ombelle de fleurs pourpre clair qui sont infertiles et ne donnent pas de graines.

Usage. — Le même que la ciboule commune.

CIBOULETTE.

Syn. — CIVETTE.

Noms étr. — **Angl.** Cives. Chives. — **Esp.** Cebollino. — **Ital.** Cipollina.

Allium schœnoprasum. — Fam. des *Liliacées*.

Indigène. Vivace. Racines bulbeuses, ovales, nombreuses; feuilles gazonnantes, cylindriques, creuses, longues de 15 à 20 centimètres; tige ou hampe nue, haute de 15 à 20 centimètres, terminée par des fleurs entourées d'une spathe à deux valves en ombelle compacte, purpurines, stériles.

Usage. — On emploie les feuilles comme celles de la ciboule dont elles ont la saveur.

Culture. — Voyez *Almanach du Bon Jardinier* 1854, page 455.

CLAYTONE

PERFOLIÉE.

Syn. — CLAYTONE DE CUBA.

Noms étr. — . . . .

Claytonia perfoliata — Fam. des *Portulacées*.

De Cuba. Annuelle. Feuille ronde, large de 5 centimètres, perfoliée, traversée par la tige qu'elle embrasse de toutes parts, charnue, d'un vert blond luisant; disposée comme un sorte de cornet, unique sur chaque tige, cette feuille se trouve immédiatement surmontée par les fleurs qui sont disposées en panicule sur une prolongation de la tige ou sessiles sur la feuille à l'insertion de la tige; elles sont blanches, petites, à cinq pétales. Graine noire, luisante, lenticulaire; sa durée germinative est de 3 années; 10 grammes contiennent 20,920 grains; le litre pèse.....

Usage. — On mange les feuilles comme les épinards et l'oseille ou en place du pourpier.

Culture. — Voir *Almanach du Bon Jardinier* 1854, page 455.

COCHLÉARIA

OFFICINAL.

Syn. — Herbe au scorbut. — Herbe aux cuillers.

Noms étr. — **Angl.** Scurvy grass. — **All.** Löffelkraut. — **Esp.** Coclearia. — **Port.** Cochlearia. — **Ital.** Coclearia.

Cochlearia officinalis. — Fam. des *Crucifères.*

Indigène. Vivace. Feuilles radicales, pétiolées, cordiformes, charnues, luisantes, disposées régulièrement en rosette autour de la plante; les caulinaires oblongues, dentées, sessiles : tiges nombreuses de 0^m,20 terminées par des fleurs petites, blanches, disposées en panicule compacte; fruit ou silique ovale oblongue. Graine petite, brun rougeâtre, ovale, légèrement anguleuse, chagrinée. Sa durée germinative est de 4 années; dix grammes contiennent environ 10,410 graines; le litre pèse 600 grammes.

Usage. — On mange les feuilles radicales en salade, mais l'emploi le plus habituel de cette plante est comme *officinale anti-scorbutique.*

CONCOMBRE.

Syn. — Cocombre.

Noms étr. — **Angl.** Cucumber. — **All.** Gurke. — **Esp.** Cohombro. Pepino. — **Port.** Pepino. — **Ital.** Cedriolo. Cocomero. Treciolo. Pinca.

Cucumis sativus. — Fam. des *Cucurbitacées.*

Des Indes. Annuelle. Tiges rampantes, anguleuses, pleines, rameuses; hispides, munies de vrilles; feuille larges de 0^m,20 environ en tous sens; alternes, cordiformes-anguleuses, découpées en dents obtuses, rudes à la surface supérieure, hispides sur les nervures de la face inférieure, d'un vert foncé; pétiole hispide; fleurs axillaires, pédonculées, de 0^m,05 à 0^m,06 de diamètre, jaunes, monoïques (de sexes séparés) à cinq pétales soudés à la base, à calice jaune, hispide. Fruit cylindrique, le plus souvent allongé, légèrement anguleux, à écorce mince, lisse ou parsemée de verrues épineuses; à chair plus ou moins blanche, transparente, divisée au centre en trois cloisons pulpeuses, ou placentas, sur lesquelles sont fixées en grand nombre les graines qui sont saillantes à l'intérieur de la loge; elles sont aplaties, elliptiques, jaunâtres, leur durée germinative est de 5 années; 10 grammes contiennent environ 500 graines; le litre pèse 500 grammes.

Usage. — On mange le fruit cru, cuit ou confit au vinaigre.

Culture. — Voyez *Almanach du Bon Jardinier*, page 456.

CONCOMBRE
BLANC HATIF.

Syn. — ....

Nom. étr. — ....

Fruit blanc verdâtre dès qu'il est formé, conservant la même couleur lorsqu'il a atteint toute sa grosseur et jusqu'à sa complète maturité; à écorce plus lisse que le concombre blanc long; encore moins anguleux que ce dernier; long de 0^m,25 sur 0^m,075 diamètre (1), pesant 920 grammes.

Il est de quatre jours environ plus tardif que le concombre hâtif de Hollande.

CONCOMBRE
BLANC LONG.

Syn. — ....

Noms étr. — ....

Fruit blanc verdâtre dès qu'il est formé, conservant la même couleur lorsqu'il a atteint toute sa grosseur et jusqu'à sa complète maturité, à écorce presque lisse,

---

(1) Les renseignemens sur les dimensions des Concombres ont été pris d'après des exemplaires cultivés dans un terrain assez mal préparé et qui n'a pas reçu d'arrosemens pendant toute la durée de la culture. Dans des conditions meilleures, les fruits auraient atteint un volume plus considérable, et, pour ne citer qu'un exemple pris sur un fruit cultivé dans des circonstances favorables, nous avons mesuré un concombre blanc long qui atteignait 0^m,38 sur 0^m,10, au lieu de 0^m,30 sur 0^m,75 obtenus dans notre culture. Les proportions entre les différentes variétés doivent aussi n'être considérées que comme approximatives, car les mesures ayant été prises le même jour sur des variétés de précocité différente, il en résulte que les hâtives étaient complètement développées, tandis que les tardives ne l'étaient pas au même degré, ce qui établit un désavantage de dimension pour ces dernières.

légèrement anguleux; long de 0m,30 sur 0m,075 de diamètre, pesant 1,260 grammes. Il est de quatre jours environ plus tardif que le blanc hâtif.

CONCOMBRE
BLANC DE BONNEUIL.

Syn. — C. BLANC GROS.

Noms étr. — ....

Fruit de couleur blanc verdâtre dès qu'il est formé, conservant la même couleur lorsqu'il a atteint toute sa grosseur et jusqu'à sa complète maturité; à écorce pourvue de mamelons un peu épineux; anguleux, renflé dans sa partie moyenne; long de 0m,30 sur un diamètre de 0m,11 ; pesant 1,500. Il est de quelques jours plus tardif que le blanc long. Cette variété est celle que les parfumeurs emploient le plus habituellement pour fabriquer la pommade de concombre.

CONCOMBRE
HATIF DE HOLLANDE.

Syn. — ....

Noms étr. — ....

Fruit jaune pâle dès qu'il est formé, prenant une couleur jaune un peu plus intense lorsqu'il est à maturité; écorce presque lisse; côtes peu marquées; long de 0m,25 sur 0m,09 de diamètre, pesant 700 grammes. Il est de quatre jours plus précoce que le blanc hâtif et convient pour la culture forcée; mais, à cause de sa couleur, on lui préfère le concombre blanc hâtif.

CONCOMBRE
JAUNE GROS.

Syn. — ....

Noms étr. — ...

Fruit blanc jaunâtre dès qu'il est formé, devenant plus tard d'un jaune vif; écorce marquée de mamelons épineux, anguleux; long de 0m,22 , un peu effilé vers le pédoncule, mesurant 0m,10 de diamètre et pesant 1,970 grammes. Il est de la même saison que le blanc long.

CONCOMBRE

VERT LONG.

Syn. — ....

Noms étr. — **Angl.** C. long green.

Fruit vert lorsqu'il commence à se former, vert nuancé de jaune aux extrémités lorsqu'il est à sa grosseur, devenant jaune brun lorsque la maturité est complète; à écorce marquée de mamelons épineux nuancés de veines jaunâtres en forme de rayons, sur le sommet, plus ou moins fréquens ou adoucis suivant les races; légèrement anguleux, souvent contourné ou crochu, long de 0^m,38 environ sur 0^m,08 de diamètre. Chair vert pâle, épaisse. Il est tardif comme le concombre blanc de Bonneuil.

On cultive, en Angleterre, un grand nombre de sous-variétés du concombre vert long, dont les fruits, ordinairement plus longs, atteignent assez fréquemment jusqu'à 0^m,45 à 0^m,50, et sont plus ou moins épineux ou tardifs. Nous citerons les noms de quelques-unes de ces variétés :

Conqueror. — **Gladiator.** — **Web's invincible.** — **Man of Kent.** — **Cheltenham surprise.** — **Sion house,** etc.

CONCOMBRE

A CORNICHON.

Syn. — CORNICHON.

Noms étr. — **Angl.** C. prickly.

Fruit de couleur vert pâle lorsqu'il commence à se former, devenant d'un vert vif lorsqu'il est à moitié formé et au point où on le consomme ordinairement, anguleux, à écorce rugueuse, mamelonnée épineuse à cette phase de son développement ; passant plus tard au jaune foncé et devenant presque lisse. A la maturité, le fruit atteint en longueur 0^m, 20 sur 0^m, 09 de diamètre et un poids de 450 grammes. La chair est blanche. Il est plus précoce que le hâtif de Hollande, et rivalise avec le C. de Russie.

CONCOMBRE
DE RUSSIE.

Syn. — Concombre a bouquet. — Concombre d'Italie. — Concombre mignon. — Petit Concombre.

Noms étr. — **Angl.** Russian Girkin. — **All.** Gurken kleine frühe grüne zum Treiben.

Tige non coureuse. Fruit vert, rayé de vert jaunâtre avant la maturité, jaune brun à la maturité; écorce lisse; légèrement anguleux; long de 0^m,10 sur 0^m,05 à 0^m,06 de diamètre; au nombre de 6 à 8 par pied et réunis en une sorte de bouquet. Il est très précoce et devance de beaucoup le Concombre hâtif de Hollande. La graine de cette variété est notablement petite.

CONCOMBRES DIVERS

De Saint-Patrick. 1850. Fruit vert demi-long, hâtif.
D'Erfurt. Paraît être la variété longue du Concombre à cornichon.

CONCOMBRE
SERPENT.

Syn. — Concombre de Turquie.

Noms étr. — **Angl.** C. snake. — **All.** Melone-Schlangen. — **Ital.** Anguria. Cocomero torto. Popone serpentino.

Cucumis flexuosus. — Fam. des *Cucurbitacées.*

Des Indes. Annuel. Tiges alternes, rampantes, anguleuses, grêles, velues, munies de vrilles, feuilles cordiformes-anguleuses, lobées, découpées en dents obtuses, rudes sur la surface supérieure, hispides sur les nervures de la face inférieure, d'un vert gris, de 0,12 environ de diamètre, à pétiole velu; fleurs petites, jaunes, axillaires, pédonculées, à calice velu; fruit très long, flexueux, étroit, sillonné, vert foncé, atteignant quelquefois 1 mètre; chair mince, jaune à la maturité, ayant l'odeur et la saveur du melon; graine ovale, comprimée, souvent un peu contournée comme celle du melon, jaune blanchâtre: sa durée germinative est de 5 années; 10 grammes contiennent 310 graines; le litre pèse 400 grammes.

Usage. — On peut confire le fruit au vinaigre comme le cornichon; mais on le cultive plutôt à cause de la singularité de sa forme.

Culture. — V. *Almanach du Bon Jardinier*, 1854, p. 456.

CONCOMBRE
DES PROPHÈTES.

Syn. — ...

Noms étr. — **Angl.** C. globe.

Cucumis prophetarum. — Fam. des *Cucurbitacées*.

De l'Arabie. Annuel. Tige anguleuse, rampante, légèrement hispide, munie de vrilles, feuilles cordiformes à 5 lobes profonds, denticulées, légèrement rudes à la face supérieure, hispides sur les nervures de la face inférieure, de 0m,08 environ de diamètre; fleur monoïque de 0,m015 environ de diamètre, jaune à calice hispide, axillaire, pédonculée; fruit de la grosseur d'une cerise, rond, hérissé de poils raides, panaché de bandes vertes et jaunes; graine petite, ovale, déprimée, jaunâtre; la durée germinative est de..... années : 10 grammes contiennent environ..... graines.

Usage. — On mange le fruit cuit ou confit au vinaigre.

CONCOMBRE
D'AMÉRIQUE.

Syn. — Angurie. — Concombre a épine. — Concombre arada. — Concombre marron.

Noms étr. — **Angl.** C. prickly fruited. Gherkin. C. West-Indian.

Cucumis anguria. — Fam. des *Cucurbitacées*.

De la Jamaïque. Annuel. D'après Decandolle cette espèce est très voisine du Cucumis prophetarum.

CONCOMBRE
CHATÉ.

Syn. — ABDELLAVI. — ABDELLAOUI.

Noms étr. — Angl. C. hairy.

Cucumis chate. — Fam. des *Cucurbitacées.*

De l'Égypte et de l'Arabie. Annuel. Tiges rampantes, anguleuses, pleines, hispides, munies de vrilles; feuilles alternes, cordiformes arrondies ou cordiformes-anguleuses, à dents obtuses, rudes sur la face supérieure, hispides sur les nervures de la face inférieure, de 0m,12 environ de diamètre à pétiole velu, fleurs axillaires, monoïques de 0,m025 environ de diamètre, jaune pâle, à calice velu, axillaire, pédonculée; fruit oblong, très velu. Graine.....

Usage. — Les Égyptiens mangent ce fruit cuit ou cru; avec la pulpe ils préparent une boisson rafraîchissante, agréable. (DUCH).

CONCOMBRE
PAPANGAYE.

Syn. — COURGE PAPANGAYE. — PAPENGAIE. — PAPONGE. — CONCOMBRE A NOYAU. — CONCOMBRE A ANGLES AIGUS.

Noms étr. — ....

Cucumis acutangulus. — Fam. des *Cucurbitacées.*

De l'Inde. Annuel. Tige grimpante, anguleuse, munie de vrilles simples, bifides ou trifides, feuilles cordiformes-anguleuses; fleurs jaunes, multiflores sur un même pédoncule; fruit long de 0m,25 à 0m,30 en massue, cannelé en dix angles aigus longitudinaux; écorce dure, de couleur jaune roux; chair tellement fibreuse et filandreuse, à la maturité, qu'à la Guadeloupe on se sert du fruit comme d'une sorte d'éponge.—Graine noire, à écorce très dure comme bossuée ou chagrinée, un peu irrégulière, aplatie; sa durée germinative est de.... année; dix grammes contiennent 170 graines.

Usage. — On mange le fruit lorsqu'il est très jeune, à l'instar du concombre ou de la courge à moelle.

CORETTE

POTAGÈRE.

Syn. — Guimauve potagère. — Mauve des Juifs. — Brède-mala-bare.

Noms étr. — All. Gemüse-Corchorus.

Corchorus olitorius. — Fam. des *Tiliacées.*

De l'Afrique. Annuelle. Tige de $0^m,50$ cylindrique, lisse, feuilles alternes, pétiolées, ovales, oblongues, dentées en scie, à dentures inférieures souvent terminées par un filet sétacé; fleurs petites d'un jaune orange, pédonculées; fruit (capsule) long, subulé, glabre. Graine très anguleuse, pointue, verdâtre : sa durée germinative est de 4 années; dix grammes contiennent 4,648 graines. Le litre pèse 660 grammes.

Usage. — On mange les feuilles en salade.

CORNE DE CERF

Syn. — Courtine. — Pied de Corbeau. — Pied de Corneille.

Noms étr. — Angl. Buckshorn. — Ital. Corno di Cervo. — Goronopo. — Erba stella. — Herba saestra.

Plantago Cornopus. — Fam. des *Plantaginées.*

Indigène. Annuelle. Feuilles radicales étalées en rosette sur la terre, pinnatifides, à lobes espacés, linéaires, pubescentes; tige nue, rameuse, longue de $0^m,15$ à $0^m,20$; fleurs jaunâtres en épi grêle, cylindrique. Graine très petite, ovoïde, aiguë sur les bords, de couleur brun clair; sa durée germinative est de 3 années. Dix grammes contiennent 76,400 graines; le litre pèse 770 grammes.

Usage. — Les feuilles s'emploient comme fourniture dans les salades.

Culture. — Voir *Almanach du Bon Jardinier,* p. 457.

COURGE

Syn. — ....
Noms étr. — **Angl.** Squash. — **All.** Kürbiss. — **Esp.** Calabaza. — **Port.** Gabaça. — **Ital.** Zucca.

Cucurbita. — Fam. des *Cucurbitacées.*

Des Indes. ? Annuelle. Tiges anguleuses, rudes ou épineuses, creuses, rampantes, ordinairement très allongées, courtes dans quelques variétés; fleurs monoïques campanulées, plus ou moins grandes, suivant les variétés, à pétales soudés au calice et soudés entre eux, jaunes de nuances diverses et de formes variables; fruit ordinairement creux, à 3 à 5 loges. Graines ovales déprimées, de grosseur variable et munies d'un bourrelet. Leur durée germinative est de 5 années.

Usage. — On mange les fruits.
Culture. — Voir *Almanach du Bon Jardinier*, 1854, p. 458.

Nota. — Nous comprendrons dans cet article les différens genres qui paraissent être dérivés de la même espèce et qui sont connus sous les noms de : **Courge,** — **Citrouille,** — **Potiron,** — **Giraumon,** — **Patisson,** et que, sous les noms de *Cucurbita maxima, Cucurbita melopepo, Cucurbita moschata, Cucurbita pepo,* quelques botanistes, notamment Duchesne, ont essayé de classer scientifiquement, classifications sur lesquelles Decandolle, tout en les citant, a fait ses réserves, en reconnaissant que de nouvelles études étaient nécessaires. — Ce qui nous fait supposer que ces espèces sont sorties du même type et ne sont que des variétés, c'est la facilité avec laquelle elles se fécondent entre elles et produisent de nouvelles variétés fertiles. Toutefois, nous ne pensons pas, avec Duchesne, que le *Cucurbita leucantha* ait pu se confondre avec le *Cucurbita pepo* pour former une variété intermédiaire qu'il appelle la Melonée ; il nous semble aussi que la Coloquinte, qui se distingue ordinairement par les dimensions plus petites et plus grêles de toutes ses parties, ainsi que par la sécheresse de sa pulpe, peut constituer et constitue une espèce botanique différente.

COURGE
A LA MOELLE.

Syn. — MOELLE VÉGÉTALE.—SOUKI BLANC DES INDES.
Noms étr. — **Angl.** S. vegetable marrow.

Fruit long de 0^m,27 cent. sur 0^m,11 de diamètre, à côtes légèrement marquées en angles adoucis, plus saillantes vers le pédoncule qui est cannelé, écorce jaune brillant, chair blanc jaunâtre, épaisse de 0ᵐ,02 à 0ᵐ,25 cent.; graine petite, allongée, blanc jaunâtre. Feuilles rudes, de grandeur moyenne, profondément lobées, de consistance molle; tige coureuse.

Ordinairement on consomme le fruit lorsqu'il est à moitié formé et, dans cet état, il est tendre et moelleux; on le mange cuit à la sauce blanche ou farci : lorsqu'il est formé, la chair est dure et sèche.

Cette variété est très fertile, et chaque pied peut produire de 8 à 12 fruits lorsqu'ils sont cueillis avant la maturité.

COURGE

SUCRIÈRE DU BRÉSIL.

Syn. — ....

Noms étr — ....

Fruit ovale, à côtes marquées en forme de cannelures adoucies, long de 0ᵐ,22 cent. sur 0ᵐ,17 cent. dans son plus grand diamètre; écorce jaune orange, lisse; chair jaune orange, très sucrée même quand le fruit a atteint toute sa maturité. Graine moyenne, blanc jaunâtre. Feuilles. . . . . ? Tiges coureuses. Cette variété est d'excellente qualité et de bonne garde.

COURGE

BLANCHE NON COUREUSE.

Syn. — COURGE DE VIRGINIE.

Noms étr. — ....

Fruit long de 0,45 cent., large de 0,14 cent. dans la partie moyenne, un peu renflé vers l'ombilic, marqué de côtes en cannelures très effacées, plus saillantes vers le pédoncule qui est cannelé; écorce unie, blanc jaunâtre, chair blanc jaunâtre, épaisse; graine petite, blanc jaunâtre. Feuilles profondément lobées, remarquablement découpées sur les bords, tiges non coureuses à ramifications très courtes, à mérithales très rapprochés. On doit manger le fruit lorsqu'il est jeune; quand il a atteint sa maturité il est dur et coriace. Chaque plante ne porte ordinairement que deux fruits.

COURGE
D'ITALIE.

Syn. — Coucourzelle.

Noms étr. — ....

Fruit long de 0,40 cent., large de 0,13 cent. dans la partie moyenne, un peu renflé vers l'ombilic, marqué de côtes en cannelures très effacées, plus saillantes vers le pédoncule qui est cannelé; écorce jaune panachée et fouettée de vert foncé dans le sens de la longueur; chair jaune; graine moyenne blanc verdâtre; feuilles lobées le plus souvent très profondément, quelquefois arrondies et simplement anguleuses: tige non coureuse; allongée et coureuse lorsque la plante dégénère, ce qui est fréquent.

On doit manger le fruit quand il est jeune.

COURGE
DE BARBARIE.

Syn. — Giraumon a bandes. — Concombre de Malte. — Concombre de Barbarie. — Citrouille iroquoise.

Noms étr. — ....

Fruit presque cylindrique, long de 0^m,45 cent. sur 0^m,18 cent. de diamètre, marqué de côtes très effacées, un peu plus saillantes vers le pédoncule qui est cannelé; écorce jaune panachée de larges bandes vert foncé dans le sens de la longueur; chair jaune pâle; graine moyenne blanc jaunâtre; feuilles amples profondément lobées, de consistance ferme; tiges coureuses.

Fruit de qualité médiocre.

COURGE
DES PATAGONS.

Syn. — ....

Noms étr. — ....

Fruit presque cylindrique, long de 0^m,46 sur 0^m,17 de diamètre, marqué de côtes très régulières relevées en cannelures a arrêtes vives; pédoncule cannelé, écorce vert noirâtre, luisante ; chair jaune pâle ; graine moyenne, blanc jaunâtre. Feuilles grandes, profondément lobées, de contexture ferme, tiges courcuses.

Ce fruit est remarquable par sa forme et par son volume, mais il n'est pas de très bonne qualité.

On rencontre quelquefois dans les semis une variété blanche.

COURGE

PLEINE DE NAPLES.

Syn. — C. Porte manteau. — C. Valise.

Noms étr. — ....

Fruit long de 0^m,55, large de 0^m,13 dans son plus petit diamètre, renflé en calebasse vers les extrémités, surtout du côté de l'ombilic où il atteint un diamètre de 0^m,20, courbé (comme un porte-manteau placé sur le dos d'un cheval), marqué de côtes longitudinales aplaties sur leur sommet, écorce unie, vert foncé, pédoncule mince; chair complètement pleine (remplissant tout le fruit) du côté du pédoncule, creuse seulement dans la partie renflée vers l'ombilic où les graines sont logées, de couleur jaune vif; graine de couleur blanc sale, remarquable par une sorte de duvet dont elle est couverte notamment sur le bord. Feuilles souvent entières, petites, glabres, unies, marquées de taches blanches le long des nervures ; tige courcuse.

Cette variété est de bonne qualité et remarquable par la singulière position de ses ovaires.

COURGE

DE L'OHIO.

Syn. — ....

Noms étr. — Angl. S. autumnal marrow.

Fruit ovale pointu vers l'ombilic, large et renflé vers le pédoncule; long de 0^m,32, large de 0^m,26 dans son plus grand diamètre ; côtes très adoucies ; pédoncules très gros, mamelonné ; écorce très épaisse jaune orange saumoné, chair jaune orange foncé, très féculente et d'une excellente qualité. Graine grosse à bourrelet peu sensible, très blanche. Feuilles de dimension moyenne, entières, concaves, d'une consistance ferme, notablement aiguillonnées ; tiges courcuses.

Cette courge, l'une des meilleures, est très répandue et fort estimée aux États-Unis.

COURGE
DE VALPARAISO.

Syn. — ....
Noms étr. — ...

Fruit ovale plus renflé vers l'ombilic qui est souvent mameloné, mesurant 0^m,40 de long sur 0^m,28 dans son plus grand diamètre, côtes marquées par des sillons peu profonds, écorce lisse sur certaines parties ou brodée à la manière des melons, couleur blanc de crème; pédoncule, mamelonné anguleux; chair jaune orange très sucrée et délicate. Graine moyenne jaune nankin à rebord plus pâle, lisse, vernissée et distincte entre toutes les autres. Feuilles anguleuses arrondies, non lobées; tiges coureuses.

Très bonne variété.

COURGE
DE CHYPRE.

Syn. — ....
Noms étr. — ....

Fruit déprimé, large de 0^m,30, épais de 0^m,12 dans l'axe du pédoncule; quelquefois un peu conique vers l'ombilic; côtes peu marquées, écorce rouge panachée de blanc et de gris dans le sens des côtes; chair peu épaisse jaune verdâtre, remarquablement chagrinée. Graine grande, blanc jaunâtre, remarquable en ce qu'elle est chagrinée. Feuilles, ...; tiges coureuses.

Cette plante n'a rien de particulièrement remarquable.

COURGE
MARRON.

Syn. — C. CHATAIGNE. — C. PAIN DES PAUVRES. — POTIRON DE CORFOU.
Noms étr. — ...

Fruit déprimé, mesurant en diamètre environ 0^m,25 sur 0^m,10 d'épaisseur dans l'axe du pédoncule, à côtes larges très effacées ou même nulles ; écorce rouge brique nuancé de jaune rougeâtre dans le sillon des côtes ; ombilic creux, en entonnoir, vert pâle, nuancé et panaché de vert plus foncé, pédoncule très gros mamelonné, allongé, rugueux ou sillonné ; chair épaisse, jaune orange, très féculente. Graine moyenne, blanche à bourrelet peu marqué. Feuilles moyennes, arrondies, anguleuses, concaves, de consistance assez ferme ; tiges coureuses.

Variété recommandable.

COURGERON
DE GENÈVE.

Syn. — ....

Noms étr. — ....

Fruit déprimé, large de 0^m,25 dans le sens de l'axe du pédoncule, épais de 0^m,15 à 0^m,20, à côtes larges très effacées ; écorce vert foncé, nuancée ou fouettée de vert pâle ou de jaune ; chair rougeâtre assez épaisse, graine assez petite, blanc jaunâtre. Feuilles lobées ou entières de consistance ferme ; tiges courtes non coureuses.

COURGE
MELONNÉE.

Syn. — C. MUSQUÉE DE MARSEILLE. — C. A LA VIOLETTE.

Noms étr. — ....

Fruit arrondi, déprimé, mesurant environ 0^m,40 de diamètre sur 0^m,32 dans l'axe du pédoncule, à côtes très effacées ; écorce vert clair panaché ou jaspé de vert plus pâle ou de jaune rougeâtre, d'ailleurs de couleur très variable ; chair épaisse, jaune verdâtre, graine grosse très blanche ; feuilles grandes, entières, presque rondes, concaves ; tige coureuse.

Cette courge, qui est très estimée et de bonne qualité dans le midi, est un peu tardive pour notre climat.

COURGE
CROCHUE.

Syn. — C. COUTORS

Noms étr. — Angl. S. early bush crook neck.

Fruit courbé ou crochu, étroit vers le pédoncule, renflé régulièrement en forme de bouteille et très atténué vers l'ombilic, verruqueux, sillonné; écorce jaune orange; chair sèche à la maturité; graine petite, blanc jaunâtre; feuilles grandes, lobées ou entières; tige non coureuse. On doit consommer le fruit avant qu'il ait atteint toute sa grosseur.

Cette variété est cultivée et estimée aux États-Unis.

Il existe une variété à tiges coureuses.

CITROUILLE

DE TOURAINE.

Syn. — ....

Noms étr. — ....

Fruit déprimé, quelquefois arrondi, mesurant environ en largeur 0^m,38 sur 0^m,24 dans l'axe du pédoncule; à côtes larges très adoucies, écorce vert pâle jaspée ou nuancée de blanc ou de rouge pâle; chair blanc rosé un peu jaunâtre. Graine très large et plate, à bourrelet très marqué, la plus grosse du genre, blanc jaunâtre. Feuilles très grandes, profondément lobées, de consistance un peu molle, vert foncé, marquées ordinairement dans leur jeunesse de quelques taches blanches aux angles des nervures.

Cette variété est très féconde et l'une des plus convenables pour la grande culture. En Touraine on en obtient, en moyenne, un produit de 60 à 75,000 kilog. par hectare.

POTIRON

JAUNE GROS.

Syn. — P. ROMAIN.

Noms étr. — All. K. Melone-centner.

Fruit de forme très variable suivant la race que les différens jardiniers préfèrent, arrondi ou déprimé, très volumineux, atteignant communément un poids de 50 à 60 kilogrammes, à côtes peu marquées; écorce jaune pâle, unie, rugueuse ou légèrement brodée à la manière du melon; chair épaisse, jaune. Graine très grosse blanc jaunâtre. Fleur jaune très grande. Feuilles très grandes, arrondies, anguleuses, concaves; tiges coureuses.

Cette courge est la plus cultivée à Paris et aux environs, c'est la plus productive, mais elle n'est pas féculente et on ne l'emploie guère qu'en potage.

Potiron jaune à queue jaune. Sous-variété précoce dont le pédoncule devient jaune à la maturité.

POTIRON
BLANC GROS.

Syn. — ....

Noms étr. — ....

Sous-variété à fruit blanc de crème, à chair jaune très pâle.

POTIRON
VERT GROS.

Syn. — ....

Noms étr. — ....

Sous-variété à fruit arrondi de forme variable, moins gros que le potiron jaune, écorce vert foncé marbré ou jaspé de vert pâle. On lui donne le nom de Potiron gris lorsqu'elle passe au vert pâle. Graine grosse blanche.

POTIRON
VERT D'ESPAGNE.

Syn. — ....

Noms étr. — ....

Fruit déprimé, presque discoïde, creusé des deux côtés dans l'axe du pédoncule, épais de 0^m,15 à 0^m,20 dans l'axe du pédoncule, large de 0^m,35 ; écorce vert pâle, côtes larges très effacées ; chair jaune très sucrée et d'excellente qualité, graine grosse, blanche. Feuilles moyennes, arrondies, anguleuses, concaves ; tiges coureuses.

Cette courge est l'une des meilleures et a le mérite important de se conserver très tard.

GIRAUMON TURBAN.

Syn. — Bonnet turc. — Turbanet.

Noms étr. — **Angl.** Squash turban. — **Ital.** Zucca a turbante.

Fruit arrondi, déprimé, élargi à la base du côté du pédoncule et aplati, mesurant environ 0^m,30 de diamètre, rouge brique, surmonté par une sorte d'excroissance du disque ou ombilic, arrondie en cône très élargi, de couleur verte panachée de blanc, ce qui donne à l'ensemble du fruit l'apparence d'un turban; chair épaisse, jaune orange ferme et sucrée. Graine moyenne blanche, courte à bourrelet peu sensible; feuilles petites, à lobes peu prononcés, d'une consistance assez molle, particulièrement découpées sur les bords; tiges coureuses.

Cette courge est de très bonne qualité.

PATISSON
JAUNE.

Syn. — Bonnet de prêtre. — Couronne impériale. — Artichaut de Jérusalem. — Artichaut d'Espagne. — Arbouste d'Astrakan.

Noms étr. — **Angl.** Squash early bush.

Fruit presque demi-sphérique, figurant, d'un côté du pédoncule, un cône plus ou moins obtus que terminent des sortes de mamelons ou de cornes; aplati en une surface élargie et presque plane du côté de l'ombilic; marqué de côtes peu saillantes, de forme, d'ailleurs, assez variable; écorce unie, jaune pâle dans la variété la plus commune; chair jaune pâle ou blanche, ferme et sèche. Graine petite, blanc jaunâtre, soyeuse sur les bords. Feuilles grandes, cordiformes entières ou à lobes peu profonds, de consistance un peu molle; tige non coureuse.

Ce fruit est d'une bonne conservation.

PATISSON
VERT.

Syn. — ....

Noms étr. — ....

Variété à peau d'un jaune vert bouteille, quelquefois marbré ou nuancé de vert plus clair.

PATISSON
ORANGE.

Syn. — ....

Noms étr. — Angl. S. early yellow bush.

Variété à peau d'un jaune aurore, à fruit généralement très élargi et aplati.

PATISSON
BLANC.

Syn. — ....

Noms étr. — ....

Variété à peau variant du blanc au jaune pâle.

PATISSON
PANACHÉ.

Syn. — ....

Noms étr. — .....

Variété à peau jaune pâle ou blanc jaunâtre panaché de vert.

COURGES DIVERSES.

Le nombre des variétés des courges est pour ainsi dire infini, à cause de la facilité avec laquelle elles se créent, et il faut la plus grande attention pour conserver pures les variétés qu'on veut adopter : nous décrirons succinctement celles que nous avons pu suivre dans nos cultures, ou dont nous avons observé les fruits dans les expositions horticoles.

D'Alger. 1850. Sorte de petit potiron vert très tardif.

De Castille. Fruit moyen, de forme allongée, crochue, à écorce blanc rosé panaché de vert; feuilles notablement mouchetées de blanc.

Citrouille de Lima. 1835. Fruit allongé, à côtes semblables à celles du melon ; écorce vert clair, un peu brodée.

Fromage. 1852. Fruit moyen presque rond, à écorce jaune très dure ; chair jaune, sèche et féculente.

Mexicaine Calabaza. Fruit allongé, à côtes prononcées, vert marbré de blanc, très tardif.

Verte de Corfou. Fruit gros arrondi, un peu déprimé aux extrémités; côtes étroites, très saillantes, pédoncule long renflé.

Des Açores. Fruit moyen, arrondi, à côtes très relevées vers les extrémités qui sont un peu déprimées.

Aubergine. Fruit petit courbé, renflé vers l'ombilic, aminci et étranglé vers l'extrémité opposée, ayant quelques rapports de forme avec l'aubergine longue; marqué de côtes régulières, écorce vert foncé.

Très hâtive d'Australie. Fruit assez gros, ovale, à côtes peu marquées, très étroite; écorce jaune orange marquée par places de marbrures verdâtres fines; pédoncule anguleux, non renflé.

Beugnet. Fruit petit, rond, à côtes très adoucies, relevées près du pédoncule, écorce jaune foncé, unie; chair sèche de très bonne qualité, paraît l'analogue de la C. fromage.

Du Canada. Fruit plus petit que celui de la C. d'Australie dont il a la forme et la couleur.

Demi-longue de Virginie. Fruit très gros, long de 1 mètre sur 0^m,50 environ de diamètre, renflé au milieu, marqué en lignes saillantes longitudinales, vert très foncé sur le fond qui est vert clair.

Jaune musquée. Fruit moyen, de forme ovale, assez régulière, sans côtes; écorce jaune assez intense, marbré de vert clair à la partie inférieure.

Lisse. Fruit petit, très allongé, renflé au milieu, plus pointu vers le pédoncule, sans côtes; écorce jaune pâle mat, marbrée de vert pâle.

Muscade du Levant. Fruit assez gros, allongé, cylindrique, plus étroit du côté du pédoncule, côtes très adoucies, écorce vert très foncé, panachée de jaunâtre dans les sillons des côtes.

Œuf de cygne. Fruit petit, ovale, très régulier, sans traces de côtes, écorce très lisse, jaune d'ocre clair.

Pyriforme. Fruit assez grand, arrondi, mamelonné vers l'ombilic, côtes presque nulles, écorce vert foncé.

Du Texas. Fruit très allongé, renflé du côté de l'ombilic, marqué de lignes étroites, saillantes, écorce jaune grisâtre terne, pédoncule renflé et court.

Potiron anglais. Fruit ovale, de la forme et de la grosseur de la courge sucrière du Brésil; écorce jaune foncé verdâtre avec quelques panachures étroites de vert plus foncé.

D'Athènes. Fruit moyen ovale, de la forme et de la grosseur de la courge sucrière; écorce jaune marquée de larges panachures vertes.

Potiron beugnet du Canada. Fruit petit, arrondi, mamelonné du côté de l'ombilic, à côtes peu marquées; écorce vert cendré foncé et vert cendré clair entre les côtes; voisin du potiron panaché d'Italie de couleur noir terne.

Potiron panaché d'Italie. Fruit petit, arrondi, mamelonné du côté de l'ombilic, à côtes peu marquées, écorce vert cendré foncé et vert clair un peu terne entre les côtes.

Potiron de Buenos-Ayres. Nº 1. Fruit gros, oblong, à côtes très marquées, saillantes, écorce gris verdâtre, sillonnée de broderies fines et grises.

Potiron de Buenos-Ayres. Nº 2. Fruit très petit, déprimé, à côtes bien marquées sans être saillantes; écorce vert foncé.

Potiron chataigne du Maroc. Nº 1. Fruit petit très déprimé, à pédoncule et à ombilic enfoncés; côtes nombreuses, très marquées, bossuées et donnant au fruit l'apparence d'un melon; écorce vert clair, ordinairement cendré.

Potiron chataigne du Maroc. Nº 2. Fruit différent du nº 1, plus petit, déprimé, à côtes peu marquées si ce n'est par une panachure blanche, écorce vert terne assez largement panachée par places de rouge clair un peu terne.

Potiron vert d'Australie. Fruit aplati comme le potiron d'Espagne, écorce vert pâle marbré.

Potiron vert brodé. Fruit moyen, allongé, couvert de broderies fines qui lui donnent un aspect gris.

Potiron vert de Naples. Fruit très gros, déprimé, à côtes larges effacées, écorce vert foncé marbrée de taches plus foncées.

Potiron vert oblong. Fruit moyen turbiné, terminé en pointe du côté de l'ombilic, concave du côté du pédoncule, marqué légèrement de côtes larges; écorce vert foncé, marbrée par places.

Potiron vert rond. Fruit petit, arrondi, côtes marquées seulement vers le pédoncule, écorce verte de couleur uniforme.

Potiron de Valparaiso. Fruit gros turbiné, allongé du côté de l'ombilic, à côtes adoucies, larges, écorce blanc verdâtre ou gris cendré, marquée de broderies grises.

Potiron blanc Romain. Fruit moyen, turbiné, allongé du côté de l'ombilic à côtes peu marquées, écorce jaune mat, panachée de blanc jaunâtre; broderies légères près de l'ombilic.

COURGES

VARIÉTÉS ANGLAISES ET AMÉRICAINES.

Lima cocoanut. 1850. Fruit gros, allongé, écorce grise, chair orange : on dit cette espèce très farineuse, mais elle est très tardive; tiges coureuses.

Winter crook neck. 1850. Fruit allongé, écorce blanche ou jaunâtre; chair pleine : en Amérique on l'estime pour l'abondance de son produit.

Long green crook neck. 1852. Fruit gros, crochu; écorce galleuse, vert foncé, tiges coureuses : sans mérite apparent.

Lima. 1850. Sorte de Courge de l'Ohio, panachée.

Early apple. 1852. Sorte de petit potiron déprimé, jaunâtre, tiges coureuses. Ne paraît pas avoir de mérite bien particulier.

Early white bush. 1850. Patisson blanc très large.

Pumpkin connecticut field. 1850. Petit fruit de potiron jaune orange, côtes peu marquées ; paraît bon et productif.

Pumpkin large cheese. 1852. Fruit moyen, déprimé comme un Potiron d'Espagne ; écorce fond vert, marbré de jaune.

Cushan crook neck. 1852. Fruit crochu, de couleur jaune pâle ou jaune, bariolé de vert ; ne présente rien de particulièrement remarquable.

Mammoth. 1835. Fruit gros, écorce lisse, verte et rouge ou rouge aurore ; feuilles larges.

COURGE COLOQUINTE (1)

Syn. — COLOQUINTE.

Noms étr. — **Angl.** Gourd-fancy. **All.** — Kurbiss-Zier. — **Esp.** Coloquintida. — **Port.** Coloquintida. — **Ital.** Colloquintida.

Fam. des *Cucurbitacées*.

Origine inconnue. Annuelle. Tiges anguleuses, rudes, creuses, rampantes, très allongées ; fleurs monoïques campanulées, petites, à pétales soudés au calice et soudés entre eux, jaunes ; feuilles divisées en lobes profonds au nombre de 3 à 5 ; fruit très variable dans sa forme et dans sa couleur, ordinairement creux, à 3 et 5 loges, à chair sèche à la maturité ; graine déprimée, oblongue, entourée d'un bourrelet, blanc jaunâtre. Sa durée germinative est de 5 années. 10 grammes contiennent 370 graines. Le litre pèse 430 grammes.

Usage. — On peut manger les fruits lorsqu'ils sont jeunes, mais ils sont peu employés.

COLOQUINTE ORANGE
FAUSSE ORANGE.

Syn. — ORANGINE.

Noms étr. — ....

Fruit rond de la forme et de la couleur d'une orange.

---

(1) Decandolle, dans le *Prodromus*, a établi plusieurs espèces sous les noms de CUCURBITA AURANTIA — VERRUCOSA — SUBVERRUCOSA — OVIFERA ; mais nous serions bien plutôt portés à les considérer comme des variétés d'un type unique, si nous envisageons avec quelle facilité elles se modifient tout en restant fécondes : le nom botanique de Cucurbita melopepo, attribué par plusieurs auteurs au type des Coloquintes, s'applique, selon Decandolle, au Patisson.

COLOQUINTE POIRE

Syn. — Coloquinte pyriforme. — Cougourdette.

Fruit petit, en poire, de couleur jaune, blanche, panachée ou bariolée de différentes façons.

COLOQUINTE
GALLEUSE.

Syn. — Barbarine. Barbaresque.

Noms étr. — ....

Fruit rond ou ovale, de couleur très variable dont l'écorce est bossuée ou verruqueuse.

COURGE-BOUTEILLE

Syn. — ....

Noms étr — **Angl.** Gourd. — **Ital.** Zucca da tabacco.

Cucurbita lagenaria. — Fam. des *Cucurbitacées.*

De l'Amérique méridionale. Annuelle. Plante pubescente, à odeur prononcée de musc, tige grimpante, munie de vrilles, feuilles en cœur presque entières, légèrement velues et glaucescentes; fleurs monoïques, fasciculées, blanches, à pétales frangés; fruits pubescens dans la jeunesse, très lisses à la maturité, à 3 et à 5 loges; graine longue, aplatie, souvent bilobée, échancrée en demi-cercle ou carrée au sommet, formant à l'autre extrémité une saillie en forme de pointe, marquée sur les deux grandes surfaces par un bourrelet très déprimé et figurant un losange, de couleur jaune fauve, suivant les variétés : sa durée germinative est de 5 années. 10 grammes contiennent 90 graines. Le litre pèse 400 grammes.

Usage. — On peut manger les fruits ou les confire au vinaigre quand ils sont jeunes et très tendres; plus tard la chair sèche complètement, l'écorce devient très dure et on ne peut les utiliser que pour faire des vases légers.

COURGE

PÉLERINE.

Syn. — Courge bouteille. — Cougourde. — Gourde des Pélerins.

Noms étr. — **Angl.** G. bottle. — **All.** K. Flasche.

Fruit long de 0m,20 à 0m,25 cent., étranglé vers le milieu, élargi à la base et effilé du côté du pédoncule. Il en existe une variété monstrueuse qui est très tardive.

COURGE

PLATE DE CORSE.

Syn. — Courge corsoise.

Noms étr. — ....

Fruit aplati, épais de 0m,12 à 0m,15 cent. dans l'axe du pédoncule, large de 0m,15 à 0m,20 cent.

COURGE

POIRE A POUDRE.

Syn. — ....

Noms étr. — ....

Fruit allongé et étroit, souvent un peu courbé, long de 0m,25 à 0m,30 cent. sur 0m,06 à 0m,07 cent. de diamètre.

COURGE

MASSUE D'HERCULE.

Syn. — ....

Noms étr. — ....

Fruit très long, atteignant quelquefois 0m,90 cent. à 1 mètre, très étroit du côté du pédoncule, progressivement renflé vers l'ombilic et ressemblant à une massue.

COURGE
SYPHON.

Syn. — ....
Noms étr. — ....

Fruit élargi et aplati à la base de l'ombilic, puis brusquement rétréci en un col allongé, recourbé quelquefois presque à angle droit et ressemblant à un syphon.

CRAMBÉ
MARITIME.

Syn. — CHOU-MARIN.
Noms étr. — **Angl.** Sea-Kale. — **All.** Selkohl. — Meerkohl. — **Ital.** Cavolo di mare.

Crambe maritima. — Fam. des *Crucifères.*

Originaire des sables maritimes de l'Océan et de la Méditerranée. Vivace. Feuilles grandes, épaisses, pétiolées, ovales ou arrondies, quelquefois profondément lobées ou pinnatifides, sinuées, glabres et très glauques; tige de 1 mètre à 1^m,30 ramifiée, pleine, très glauque; fleurs en grappes, blanches portant une odeur de miel prononcée; graine renfermée dans une silique globuleuse indéhiscente, monosperme, épaisse, d'où il est peu facile de l'extraire, déprimée, irrégulière, couverte d'une pellicule très mince sous laquelle se dessine la forme des cotylédons. La durée germinative est de 3 années; dix grammes contiennent environ 200 graines couvertes de leur silique avec laquelle on les sème. Le litre pèse 160 grammes.

Usage. — On mange les feuilles avant leur complet développement, après les avoir fait blanchir par étiolement.

Culture. — Voir *Almanach du bon Jardinier,* p. 451.

CRESSON
ALÉNOIS.

Syn. — PASSERAGE CULTIVÉ. — NASITOR.
Noms étr. **Ang.** C. Plain-leaved. — **All.** Kresse gewönliche grüne. **Port.** Mastruço. — **Ital.** Agretto. Cerconcello. Crescione inglese. Mastorcio. Sergoncello.

Lepidium sativum. Fam. des *Crucifères.*

De Perse. Annuelle. Feuilles alternes oblongues, diversement découpées ou entières; tige de 0m,30 à 0m,40, glabre, rameuse; fleurs en bouquets très petites, blanches; fruit ou silicule échancré, aplati; graine petite oblongue, arrondie, creusée d'un côté par un sillon longitudinal, brun rougeâtre, portant une odeur âcre toute particulière; sa durée germinative est de 5 années; dix grammes contiennent 4,500 graines. Le litre pèse 724 grammes.

Usage. — On emploie la feuille en fourniture de salade.

Culture. — Voir *Almanach du bon Jardinier* 1854, p. 461.

CRESSON
ALÉNOIS FRISÉ.

Syn. — ...

Noms étr. — **Angl.** C. curled-leaved. — **All.** K. krause gefülte grüne. K. Plümager

Variété à feuille un peu plus grande que dans l'espèce ordinaire, crispée sur les bords et d'un vert plus foncé.

CRESSON
ALÉNOIS A LARGE FEUILLE.

Syn. — ...

Noms étr. — **Angl.** C. broad-leaved.

Variété à feuille plus large que dans l'espèce ordinaire et par conséquent préférable.

CRESSON
ALÉNOIS DORÉ.

Syn. — ...

Noms étr. — **Angl.** C. golden. — **All.** K. gelbe breitblätterige englische.

Variété à feuille d'un jaune doré, un peu allongée; la graine est également plus jaune que dans les autres variétés.

CRESSON
DE FONTAINE.

Syn. — Bailli. — Cresson d'eau. — Cresson de ruisseau. — La santé du corps.— Bride-cresson.

Noms étr. — **Angl.** Cress. water. — **All.** Brunnenkresse. — **Esp.** Berro. — **Port.** Agrião. — **Ital.** Nasturzio aquatico.

Sisymbrium nasturtium. — Fam. des *Crucifères.*

Indigène. Vivace. Feuilles glabres à folioles arrondies, un peu sinuées, les supérieures plus grandes; tiges couchées ou rampantes sur les eaux; fleurs blanches, petites, en corymbe; fruits ou siliques légèrement arqués; graine très petite, ovale, un peu déprimée, réticulée, brun rougeâtre; sa durée germinative est de 4 années. Dix grammes contiennent 40,000 graines. Le litre pèse 600 grammes.

Usage. — On mange les feuilles cuites ou crues et en salade.

Culture. — Voyez *Almanach du bon Jardinier* 1854, p. 460.

CRESSON
DE TERRE.

Syn. — Cresson de jardin. — Cresson vivace. — Sisymbrium. — Cresson des vignes. — Cressonnette de jardin. — Roquette.

Noms étr. — **Angl.** C. Winter. C. American. — **All.** K. perennirende Amerikanische.

Erysimum præcox. — Fam. des *Crucifères.*

Indigène. Bisannuel (ou vivace). Feuilles glabres, lyrées, à lobe terminal ovale; les supérieures pinnatifides à découpures étroites, entières, opposées. Tige de 0m,25 à 0m,30; fleurs petites, jaune pâle, en corymbe; fruits ou siliques longues, écartées de la tige. Graine un peu déprimée, légèrement anguleuse sur une des faces, arrondie sur l'autre, grise, chagrinée : sa durée germinative est de 3 années. 10 grammes contiennent environ... graines. Le litre pèse 500 grammes

Usage. — On mange les feuilles comme celles du Cresson de Fontaine.

CRESSON
DES PRÉS.

Syn. — Cresson élégant. — Cressonnette. — Passerage sauvage. — Pec a l'oiseau. — Petit cresson aquatique.

Noms étr. — **Angl.** Cuckow-flower. — **All.** Gauchblume. Wiesenkresse.

Cardamine pratensis. — Fam. des *Crucifères.*

Indigène. Vivace. Feuilles glabres, ailées, pinnatifides, les radicales à folioles arrondies, celles de la tige à folioles lancéolées ou linéaires entières; tige de 0^m,30 à 0^m,40 cent., dressée glabre; fleurs terminales en corymbe, grandes (pour le genre), d'un violet très pâle ou blanches; fruit ou silique linéaire glabre; graine petite, oblongue, carrée du côté de l'ombilic, arrondie à l'autre extrémité, brune : sa durée germinative est de .... années. 10 grammes contiennent 9,670 graines.

Usage. — On mange les feuilles qui ont une saveur âcre et piquante.

CRESSON
DE PARA.

Syn. — Spilanthe. — Spilanthe des Potagers.

Noms étr. — **Ital.** Spilanto.

Spilanthes oleracea. — Fam. des *Composées Senecionidées.*

De l'Amérique méridionale. Annuel. Tige rameuse, haute de 0^m,25 cent. Feuilles d'un vert vert clair, opposées, pétiolées, élargies en ovale tronqué à la base; fleurs portées sur un pédicelle terminal axillaire, réunies en capitules coniques, d'un jaune pâle; graine petite, ovale, aplatie, noire, hérissée de très petits mamelons blanchâtres qui lui donnent un aspect un peu gris, marginée de cils blanchâtres, déprimée, tronquée et comme échancrée au sommet, où elle est pourvue de deux arêtes latérales. Sa durée germinative est de 4 années; 10 grammes contiennent 34,000 graines. Le litre pèse 210 grammes.

Usage. — D'après Bosq, ses feuilles, mangées avec la salade, augmentent beaucoup la saveur de cette dernière, irritent la bouche et procurent une sécrétion abondante de salive; l'usage en est très restreint.

CRESSON

DU BRÉSIL.

Syn. — ....

Noms étr. — ....

Spilanthes fusca (an species?)

Du Brésil. Annuelle. D'après Decandolle, cette espèce, si toutefois c'en est une, ne diffère du Spilanthes oleracea qu'en ce que le capitule qui est jaune verdâtre à la base est coloré de brun depuis le milieu jusqu'au sommet, et en ce que les feuilles sont d'un vert sombre : le semis le reproduit très exactement.

Usage. — Le même que celui du Cresson de Para.

ÉCHALOTTE.

Syn. — CHALOTTE.

Noms étr. — **Angl.** Shallot. — **All.** Schalotte. — **Esp** Chalota. — **Port.** Echalota. — **Ital.** Ascalonia. Cipoali di Catalogna. Scalogno.

Allium ascalonicum. — Fam. des *Liliacées*.

De la Palestine. Vivace. Racine composée de plusieurs bulbes coniques attachés à un plateau commun, un peu déprimées du côté où ils sont accolés aux bulbes voisins, recouverts d'une pellicule dont la couleur varie suivant les variétés; feuilles fistuleuses, en gazon, hampe ou tige nue cylindrique; fleur rougeâtre en ombelle terminale, globuleuse, serrée, se montrant rarement.

Usage. — On mange les bulbes et les feuilles comme assaisonnement et en fournitures de salade.

Culture. — Voir *Almanach du Bon Jardinier*, 1854, page 462.

ÉCHALOTTE

ORDINAIRE.

Syn. — E. PETITE.— ECHALOTTE.

Noms étr. — All. Schalotte gevöhnliche.

Bulbes de la grosseur d'une noisette, à la base, allongés, revêtus d'une pellicule jaune rougeâtre; feuilles petites, longues de 0m,25 à 0m,30.

Cette espèce est hâtive et se conserve bien, c'est la plus usuelle.

ÉCHALOTTE

GROSSE.

Syn. — ....

Noms étr. — ....

Bulbes de la grosseur d'une noix, à la base, allongés, revêtus d'une pellicule de couleur jaune brun, beaucoup plus gros que ceux de l'échalotte petite; feuilles de 0m,40 à 0m,50.

Cette variété, moins précoce que la petite, est cependant apportée sur les marchés avant cette dernière, parce qu'elle atteint plus promptement le développement qui en facilite la vente; elle se conserve moins bien.

ÉCHALOTTE

DE JERSEY.

Syn. — ....

Noms étr. — ....

Bulbes réunis en groupe, longs de 0m,04 à 0m,05 sur 0m,03 environ de diamètre, plus arrondis, à collet plus fin, plus serré que celui des deux échalottes ordinaires; pellicule rouge jaunâtre et fine comme celle d'un ognon avec lequel cette échalotte a une grande similitude d'aspect et même d'odeur; feuilles remarquablement glauques, peu élevées, bien fournies, très différente de celles des échalottes communes grosse et petite; cette échalotte s'en distingue en outre en ce que lorsqu'elle est plantée à l'automne, elle monte assez communément et produit des graines, ce qui peut être un avantage dans de certaines circonstances, bien que les graines produisent le plus souvent des ognons un peu différens. C'est la plus hâtive des échalottes que nous connaissions, mais elle a l'inconvénient d'être un peu tendre, de ne pas se conserver très bien.

Cette plante est tellement caractérisée que nous serions portés à croire qu'elle constitue, ainsi que la suivante, une espèce botanique distincte ou qu'elle pourrait être classée dans le genre ognon.

ÉCHALOTTE
GROSSE D'ALENÇON.

Syn. — ....

Noms étr. — ....

Bulbe très gros, plus volumineux encore que celui de l'échalotte de Jersey, de la même forme et de la même couleur, de maturité peut-être un peu plus tardive, et, comme cette dernière espèce, ayant l'inconvénient d'être tendre et de pourrir promptement; les feuilles sont plus longues et plus glauques; elle monte à graine comme l'échalotte de Jersey. D'après M. Houton de la Billardière à qui nous devons la connaissance de cette espèce remarquable, elle est cultivée depuis fort longtemps dans les environs d'Alençon, elle se conserve très bien, et on lui trouve un goût plus agréable que celui de l'échalotte petite (l'échalotte de Jersey appelée échalotte petite à Alençon). On la plante à l'automne ou au printemps; il est préférable de la planter à l'automne parce qu'elle est plus tôt mûre et qu'elle exige une longue exposition au soleil pour se mieux conserver.

ÉNOTHÈRE
BISANNUELLE.

Syn. — ONAGRE. — JAMBON. — JAMBON DES JARDINIERS. — HERBE AUX ANES. — JAMBON DE SAINT-ANTOINE. — LYSIMACHIE JAUNE. — LYSIMACHIE JAUNE CORNUE. — MACHE ROUGE.

Noms étr. — **All.** Rapontica. Rapunzel-Sellerie. — **Ital.** Enogra. Rapunzy.

Œnothera biennis, — Fam. des *Œnothérées*.

Du Pérou; acclimatée en Europe. Bisannuelle. Racine pivotante effilée, rougeâtre près du collet, jaunâtre dans la partie inférieure; chair blanche un peu cassante, sans saveur, d'un goût de rave très adouci. Tige de 1 mètre, anguleuse, légèrement hispide, très ramifiée; feuilles sessiles, ovales, lancéolées, planes; fleurs grandes, jaunes, odorantes, en épis terminaux; fruit ou capsule oblongue, linéaire à quatre angles. Graine petite, anguleuse, brune; sa durée germinative est de 3 années, 10 grammes contiennent 10,000 graines.

Usage. — On mange la racine crue, en salade, ou cuite dans les potages et comme les autres légumes.

Culture. — Voir *Almanach du Bon Jardinier*, 1854, page 463.

ÉPINARD.

Syn. — ....

Noms étr. — **Angl.** Spinage. — **All.** Spinat. — **Esp.** Espinaca. — **Port.** Espinafres. — **Ital.** Spinace. Spinacio.

Spinacia oleracea. — fam. des *Chénopodées.*

De l'Asie septentrionale. Annuelle. Feuilles en flèche ou ovale-oblongues suivant les variétés, pétiolées, vertes et glabres; tige de 0m,50 à 0m,60, dressée, rameuse, cannelée; fleurs dioïques axillaires, les mâles en grappe, les femelles en paquets sessiles; graine déprimée, renfermée dans une enveloppe capsulaire, ovale, arrondie avec un mamelon un peu prononcé vers l'une des extrémités ou hérissée de deux de trois ou de quatre pointes aiguës, canaliculées, divergentes, suivant les variétés; sa durée germinative est de 5 années; 10 grammes contiennent 900 graines rondes et 800 graines piquantes; le litre de graines piquantes pèse 844 grammes; le litre de graines rondes pèse 530 grammes.

Usage. — On mange les feuilles cuites.

Culture. — Voir *Almanach du Bon Jardinier*, page 464.

ÉPINARD

ORDINAIRE.

Syn. — É. COMMUN. — É. PIQUANT.

Noms étr. — **Angl.** S. prickly-seeded.

Feuilles en fer de flèche, incisées à la base, longues de 0m,15 à 0m,20 étroites, minces, pétiolées, dressées, d'un beau vert foncé. Graine armée de cornes piquantes.

Cette variété, qui paraît se rapprocher davantage du type, et vers laquelle les autres sont toujours ramenées par la dégénérescence, est aussi la moins bonne et doit être abandonnée pour les autres variétés.

ÉPINARD

D'ANGLETERRE.

Syn. — ....

Noms étr. — Angl. S. large pricklys seeded.

Feuille grande, lancéolée, entière ou presque entière, arrondie à l'extrémité, dans les types les plus parfaits, plus ou moins incisée à la base, épaisse; il ne diffère pas en apparence de l'épinard de Flandre, mais sa graine est piquante comme celle de l'épinard commun.

C'est une très bonne variété.

ÉPINARD

DE HOLLANDE.

Syn. — E. ROND. — GRAND ÉPINARD.

Noms étr. — Angl. S. round-seeded. — All. S. breitblattriger mit rundem Samen. — Ital. Spinacio d'Olanda.

Feuille grande, lancéolée, entière ou presque entière, arrondie à l'extrémité, épaisse; généralement plus petite que celle de l'épinard d'Angleterre et de l'épinard de Flandre; graine unie et ronde.

On cultive en Belgique et en Allemagne une variété d'un vert très foncé, plus petite, plus tardive, assez lente à monter et qui paraît très rustique, nous lui préférons notre race ordinaire.

ÉPINARD

DE FLANDRE.

Syn. — ....

Noms étr. — Angl. S. round Flanders.

Feuille très grande et belle, presque entière, arrondie à l'extrémité, épaisse. Cet épinard, qui n'est qu'une sous-variété améliorée de l'épinard de Hollande, n'a pas ordinairement les feuilles plus larges que celles de l'épinard d'Angleterre, mais il a sur celui-ci l'avantage d'avoir les graines rondes.

ÉPINARD

A FEUILLE DE LAITUE.

Syn. — E. D'ESQUERMES. — E. OREILLE D'ÉLÉPHANT. — E. GAUDRY.

Noms étr. — **Angl.** S. round lettuce-leaved. — **All.** S. grosser salatblättriger.

Feuille très large et ronde, d'un vert très foncé, légèrement reflété de bleu, à pétiole court, étalée horizontalement et non dressée comme celle des autres variétés, très cloquée et épaisse ; c'est une très belle et bonne variété un peu tardive et assez lente à monter.

L'*épinard Gaudry*, bien que présenté postérieurement à l'introduction de l'épinard à feuille de laitue, comme variété nouvelle et distincte, ne nous a jamais paru qu'un bon choix de l'épinard à feuille de laitue.

ÉPINARD

BLOND A FEUILLE D'OSEILLE.

Syn. — ....

Noms étr. — ....

Feuilles de dimension moyenne, presque entières, ayant dans leur ensemble et dans leur port l'aspect de celles de l'oseille, d'un vert blanc jaunâtre à la base, plus vertes à la partie supérieure, un peu cloquées, à pétiole court, violacé jusqu'à la moitié de sa longueur, le reste blanchâtre. Dur à monter.

Cette race remarquable nous a été communiquée par M. Stouder de Soleure, qui, lui-même, l'a reçue du Tyrol.

ESTRAGON

Syn. — DRAGONE. — HERBE DRAGON. — SERPENTINE. — FARGON. — ABSINTHE ESTRAGON.

Noms étr. — **Angl.** Tarragon. — **All.** Dragun. — **Esp.** Estragon. — **Port.** Estragão. — **Ital.** Dragoncello.

Artemisia Dracunculus. — Fam. des *Composées*.

De Sibérie. Vivace. Tiges de 1 mètre, herbacées, cylindriques, rameuses, glabres ;

feuilles alternes, linéaires-lancéolées, glabres, entières, très aromatiques; fleurs en panicules petites, globuleuses, verdâtres, infertiles.

Usage. — Les feuilles qui ont une odeur pénétrante sont usitées comme condiment dans les ragoûts ou pour aromatiser le vinaigre.

Culture. — V. *Almanach du Bon Jardinier*, p. 464.

FENOUIL

Syn. — ....

Noms étr. — **Angl.** Fennel. — **All.** Fenchel. — **Esp.** Hinojo. — **Ital.** Finocchio.

Fœniculum. — Fam. des *Ombellifères.*

Tiges cylindriques, lisses, rameuses, glauques, de 1^m,50 à 1^m,75; feuilles grandes, décomposées en découpures capillaires; fleurs jaunes en larges ombelles latérales ou terminales; graines ovales, marquées de 5 côtes saillantes.

Usage. — L'espèce la plus employée est le Fenouil de Florence. *(Fœniculum dulce.* DEC.*)* En Italie on le mange cru comme les artichauts, à la poivrade, ou cuit en garniture de ragoûts, au gratin, etc.; d'après Duchesne, qui paraît confondre sous une seule dénomination les 3 espèces que nous mentionnons, on mange aussi les jeunes pousses, et l'on confit les graines avec les cornichons.

Culture. — V. *Almanach du Bon Jardinier*, 1854.

FENOUIL

AMER.

Syn. — FENOUIL COMMUN.

Noms étr. — **Angl.** F. bitterer.

Fœniculum vulgare (MÉRAT).

Indigène. Vivace. Moins élevé que le Fenouil doux, feuilles à folioles plus raides, moins nombreuses, d'un goût amer très prononcé; graine de couleur brun verdâtre, terminée au sommet par deux styles courts enflés à la base en forme de tubercule, longue de 0,004, ne conservant pas son pédicelle, d'un goût amer; sa durée germinative est de 5 années. 10 grammes contiennent 1,150 graines. Le litre pèse 420 grammes.

FENOUIL

DOUX.

Syn. — Fenouil de Florence. — Fenouil de Malte.

Noms étr. — **Angl.** F. sweet.

Fœniculum officinale. Mérat.

Indigène? Bisannuel ou Vivace. Feuilles à folioles très fines et un peu molles, d'un vert blond, d'une saveur notablement sucrée. Graines longues de 0,009 à 0,010, un peu courbées, de couleur jaune verdâtre, à pédicelle persistant, d'une saveur très douce. Sa durée germinative est de 5 années. 10 grammes contiennent 1,154 graines. Le litre pèse 210 grammes.

« Le *Fœniculum officinale* paraît constituer une espèce très distincte par ses semences, quoique confondue jusqu'ici avec la précédente, et peut-être avec la suivante (*Fœniculum dulce*); cependant quelques personnes pensent qu'elle n'en est peut-être qu'une dégénérescence, ce qui confondrait toutes les idées reçues jusqu'ici sur ce qu'on doit entendre par espèce. » *Dictionnaire universel de matière médicale*, par Mérat et de Lens.

FENOUIL DE FLORENCE

Syn. — Fenouil sucré. — Fenouil d'Italie.

Noms étr. — **Angl.** F. Florence. — **All.** F. süsser Bologneser. — **Ital.** F. dolce. F. di Bologna.

Fœniculum dulce. Dec.

D'Italie. Annuel. Tige comprimée à la base, formant sur une coupe horizontale un ovale de 0^m,10 à 0^m,13 sur 0^m,05, à 0^m,08; feuilles presque distiques; tige moins élevée que dans les deux espèces précédentes. Graine longue de 0,005, d'un jaune verdâtre, moins blond que dans le Fenouil doux (*Fœniculum officinale*) à pédicelle persistant, d'une saveur moins aromatique que celle du Fenouil doux. Sa durée germinative est de 6 années. 10 grammes contiennent 1,300 graines. Le litre pèse 345 grammes.

FÈVE

Syn. — ....

Noms étr. — **Angl.** Bean. — **All** Gartenbohne. — **Esp.** Haba. — **Port.** Fava. — **Ital.** Fava.

Faba vulgaris. — Fam. des *Légumineuses.*

Originaire des bords de la mer Caspienne. Annuelle. Tige de 0m,30 à 0m,80, ramifiée à la base, glabre, quadrangulaire, fistuleuse, feuilles alternes, ailées sans impaire, formées de 2 à 4 paires de folioles alternes, entières, ovales, glauques, veinées, munies de deux stipules sagittées; fleurs au nombre de 2 à 5, presque sessiles, grandes, blanches ou violettes, veinées de noir violacé, marquées de deux taches sur les pétales qui forment les ailes; gousse très grosse, pubescente : graine déprimée, réniforme ou ronde, de couleur et de volume variables suivant les espèces. Sa durée germinative est de 6 années.

Usage. — On mange le grain en vert ou en sec. Les fèves à grain vert ont l'avantage de pouvoir être consommées dans un état plus avancé que les autres.

Culture. — V. *Almanach du Bon Jardinier*, 1855, p. 460.

FÈVE
DE MARAIS GROSSE.

Syn. — ....

Noms étr. — ....

Grain très gros, plus long que large, aplati, un peu irrégulier et bossué, jaune; au nombre de 280 par litre; cosse érigée ou horizontale, longue de 0m,11 à 0m,12, large de 0m,025 à 0m,027, épaisse de 0m,07 à 0m,08, contenant 2 à 3 grains au nombre de 8 à 12 par pied. Hâtive. Plante haute de 1 mètre à 1m,10. Fleur blanche.

Bonne variété et la plus répandue dans les environs de Paris.

FÈVE
DE WINDSOR.

Syn. — ....

Noms étr. — **Angl.** B. Windsor, white. — **All.** B. ganz breite grosse englische Windsor. — **Ital.** F. di Windsor.

Grain large, court, presque rond, régulier dans sa forme, épais, jaune; au nombre de 280 par litre; cosse généralement horizontale ou inclinée, longue de 0m,10 à 0m,12, large de 0m,030 à 0m,037, épaisse de 0m,020 à 0m,022; contenant 2 à 3 grains, au nombre de 9 à 12 par pied. Tardive. Plante haute de 1 mètre à 1m 10; fleur blanche. Elle diffère de la fève de marais par la forme de son grain et la dimension de ses cosses qui sont beaucoup plus larges; elle est plus tardive et probablement plus productive.

FÈVE

DE WINDSOR VERTE.

Syn. — ....
Noms étr. — **Angl.** B. Windsor, green. — **All.** B. ganz breite grünbleibe Englische Windsor.

Grain vert large; presque rond, assez épais, au nombre de 370 par litre; cosse horizontale ou érigée, longue de 0m,10 à 0m,11, large de 0m,025 à 0m,030, épaisse de 0m,018 à 0m,021, contenant deux et trois grains, au nombre de 11 à 13 par pied. Plus hâtive que la fève de marais grosse. Plante de 1 mètre, portant deux, rarement trois ramifications; fleur blanche.

FÈVE

A LONGUE COSSE.

Syn. — ....
Noms étr. — **Angl.** B. long-pod, dutch. — **All.** B. ganz grosse lange breite.

Grain jaune moyen plus long que large, un peu déprimé en fossette au centre, assez épais; au nombre de 340 par litre; cosse horizontale ou légèrement inclinée, longue de 0m,15 à 0m,20, large de 0m,026 à 0m,028, épaisse de 0m,16 à 0m,18, contenant 3 à 5 graines, au nombre de 7 à 9 par pied. De même saison que la fève de marais ordinaire. Plante de 0m,90 à 1 mètre, pourvue de deux à trois ramifications; fleur blanche.

Bonne variété productive.

FÈVE

JULIENNE.

Syn. — ....
Noms étr. — ....

Grain petit, allongé, ou carré et comme tronqué à l'extrémité opposée à l'ombilic, assez épais, marqué au centre d'une sorte de dépression en forme de fossette ; au nombre de 700 par litre ; cosse érigée, longue de 0^m,10 à 0^m,11, large de 0^m,020 à 0^m,022, épaisse de 0^m,016 à 0^m,018, contenant 2 et 3 graines, au nombre de 12 à 20 par pied. Précoce et devançant de huit jours environ la fève de marais. Plante de 0^m,90 à 1 mètre. Fleurs blanches plus petites que celles de la fève de marais.

Elle se distingue de la fève de marais par ses cosses plus étroites, plus nombreuses, et aussi par sa précocité.

FÈVE

JULIENNE VERTE.

Syn. — . . .

Noms étr. — . . . .

Grain vert, petit, allongé, quelquefois carré et comme tronqué à l'extrémité opposée à l'ombilic, assez épais, marqué au centre d'une sorte de dépression en forme de fossette ; au nombre de 700 par litre ; cosse généralement érigée, longue de 0^m,10, large de 0^m,019, épaisse de 0^m,013 à 0^m,014 contenant 2 à 3 grains, au nombre de 14 à 22 par pied. Un peu plus tardive que la fève julienne ordinaire et à peu près de la même saison que la fève de marais commune. Plante de 1 mètre à 1^m,10,, portant trois à six ramifications, ordinairement quatre.

Cette variété est très bonne et productive.

FÈVE

VIOLETTE.

Syn. — . . . .

Noms étr. — **Ital.** F. Pavonazze.

Grain rouge violacé, devenant rouge acajou en vieillissant, large, peu régulier, peu épais ; au nombre de 280 par litre ; cosse ordinairement érigée, quelquefois horizontale, un peu arquée, longue de 0^m,10 à 0^m,13, large de 0^m,030 à 0^m,034, épaisse de 0^m,020, contenant 2 et quelquefois 3 grains, au nombre de 14 à 19 par pied. Un peu plus tardive que la fève de Windsor. Plante de 1 mètre, ayant de deux à trois ramifications, ordinairement trois ; fleur blanche.

Cette variété est bonne et productive, mais la couleur de son grain lui donne de la défaveur.

FÈVE
A FLEUR POURPRE.

Syn. — ....

Noms étr. — **Angl.** B. scarlet-blossom. — **All.** B. rothblühende amerikanische.

Grain jaune verdâtre, marbré et pointillé de noir, moyen, allongé, assez épais, au nombre de 780 par litre ; cosse généralement érigée, longue de 0^m,09 à 0^m,10, large de 0^m,020 à 0^m,023, épaisse de 0^m,014 à 0^m,016, contenant 2 à 3 graines, quelquefois 4; au nombre de 13 à 17 par pied ; un peu plus tardive que celle de Windsor. Plante de 0^m,90, portant trois à quatre, ordinairement quatre ramifications. Fleur variant du rouge pourpre au pourpre noir.

Cette variété est productive, mais la couleur de son grain ne plaît pas.

FÈVE
NAINE HATIVE.

Syn. — ....

Noms étr. — **Angl.** B. dwarf. B. Cluster. B. bob. — **All.** B. Volltragende frühe zwerg. Buschelbohne.

Grain jaune, petit, allongé, épais, déprimé en fossette au centre; au nombre de 900 par litre. Cosse érigée, longue de 0^m,07 à 0^m,09, large de 0^m,018, épaisse de 0^m,013 à 0^m,014, contenant 2 à 3 grains au nombre de 15 à 29 par pied. Très hâtive, mais un peu moins que la très naine rouge. Plante de 0^m,40 à 0^m,50, produisant deux ou trois ramifications; feuille petite, étroite, allongée, fleur blanche.

Variété remarquable par sa précocité et son produit.

FÈVE
TRÈS NAINE ROUGE.

Syn. — ....

Noms étr. — ....

Grain de couleur rouge brun foncé, petit, allongé, très épais, quelquefois presque cylindrique; au nombre de 930 par litre ; cosse érigée, longue de 0m,07 à 0m,09, large de 0m,015, épaisse de 0m,011 à 0m,012, contenant 2 à 3 grains, rarement 4, au nombre de 7 à 12 par pied. La plus hâtive de toutes les fèves. Plante de 0m,40, portant deux à trois ramifications. Fleur semblable à celle de la fève de marais, mais un peu plus petite.

La très grande précocité de cette variété est son principal mérite.

FÈVE.

ESPÈCES DIVERSES.

Large Taylor's. 1853. Très voisine de Fève de la Windsor.

Toker. 1853. Voisine de notre fève de marais.

Johnson's wonderfull. 1853. Très voisine de la fève de Windsor.

Mazagan. 1853. Variété à grain petit, dans le genre des féverolles; c'est une race agricole plutôt qu'une espèce potagère.

FRAISIER

Syn. — ....

Noms étr. — **Angl.** Strawberry. — **All.** Erdbeere. — **Esp.** Fresal — **Port.** Moranguoiro. — **Ital.** Fragola.

Fragaria. — Fam. des *Rosacées*.

(1). Calice monopétale, tubuleux-concave, à 10 divisions dont 5 extérieures (calicules ou bractées) ; 5 pétales ; étamines en nombre quadruple de celui des pétales; carpelles en nombre indéterminé, nombreux, secs, répandus à la surface du réceptacle qui est charnu, succulent et caduque ; style latéral ; graines suspendues à la surface du réceptacle ou fruit, très petites, ovoïdes, variant du jaune au rouge brun, au nombre de 2,780 graines par 10 grammes ; sa durée germinative est de 3 années. Plantes pourvues de coulants, feuilles trifoliées à dents très prononcées; réceptacles ou polyphores arrondis, succulens, rouges et plus rarement blancs.

(1) Nous empruntons textuellement à Decandolle, en les traduisant, les définitions du genre et des espèces. (*Prodromus*, v. 2, p. 257.)

Usage. — On mange le fruit (réceptacle), qui est un mets excellent et très sain; on en fait des conserves, des glaces, etc.

Culture. — V. *Almanach du Bon Jardinier,* 1854.

Nota. — Le nombre des variétés de fraisiers actuellement cultivés s'est accru, depuis plusieurs années, d'une manière considérable, par les semis qui ont eu lieu en Angleterre, en France, en Belgique, etc. Mais parmi les variétés que les horticulteurs, par prédilection pour leurs produits, se sont souvent trop hâtés de multiplier et de répandre, un petit nombre seulement ont été adoptées par les cultivateurs qui alimentent nos marchés et nous ont paru mériter de prendre place dans les jardins où l'on ne recherche pas seulement des collections nombreuses, mais de beaux et bons produits. Ce sont les variétés de choix seulement, c'est-à-dire celles qui se recommandent à un titre quelconque et remplissent une lacune (sans acception de la nouveauté) dont il sera fait mention dans cette liste qui représente notre collection commerciale.

La classification que nous avons suivie nous était indiquée par plusieurs auteurs, notamment par Decandolle (*Prodromus,* vol. 2, p. 569) pour les types, (espèces botaniques), qui entrent dans notre collection ; mais pour la plupart des variétés nouvelles dont l'assimilation nous a paru trop difficile, nous avons établi une catégorie distincte. — On pourra consulter pour des renseignemens plus étendus l'histoire du Fraisier de Duchesne, le tableau méthodique et synonymique des Fraisiers cultivés par M. N. Desportes, le catalogue de MM. Jamin et Durand, le catalogue de la *Société d'horticulture de Londres,* développé dans l'article de M. Barnett *(Transactions de la Société horticulturale de Londres),* etc.

Nous ne pouvons trop répéter que les dimensions que, dans nos descriptions, nous avons indiquées pour les fruits, n'ont rien d'absolu et qu'il faut toujours sous-entendre que, malgré leur apparente rigueur mathématique, ce ne sont que des comparaisons de volume entre les variétés.

1º FRAISIER COMMUN

Fragaria vesca.

Plante stolonifère, folioles plissées, velues à la partie inférieure ; fruits pendans, sépales réfléchis après la floraison, poils des pédoncules apprimés.

FRAISIER

PETITE HATIVE DE FONTENAY.

Syn. — Fraise des bois. — Fraise native de Chatenay.

Noms étr. — **Angl.** S. red wood. — **All.** E. Walderbeere.

Ce fraisier, qui ne paraît pas différent de l'espèce botanique *Fragaria vesca* (le fraisier des bois), transporté dans les jardins, a le fruit petit, rond, rouge foncé lorsque la maturité est complète ; chair blanc jaunâtre, sèche, d'un goût très relevé et d'un parfum qui surpasse peut-être celui de la fraise des Alpes ; graines saillantes ; maturité très précoce, vers la fin de mai, 7 à 8 jours avant celle de la fraise des quatre saisons. Fleur large de 15 millimètres ; hampe pubescente, droite, ferme, portant les fleurs au-dessus des feuilles. Feuilles à folioles plus vertes que dans la fraise des quatre saisons, glabres, pubescentes en dessous où elles semblent comme argentées, pétiole pubescent, court et plus faible que dans la fraise des quatre saisons.

Cette espèce, remarquable par sa précocité, est moins vigoureuse que la fraise des quatre saisons et ne remonte pas.

FRAISIER

DE MONTREUIL.

Syn. — Fraise de Ville-du-Bois. — Fraise de Villebousin. — Fraise dent de cheval. — Fraise de Montreuil a marteau. — Fraise fressant.

Noms étr. — ....

Fragaria vesca var. hortensis. Duch.

Fruit petit ou moyen, pesant environ 2 grammes 1/2, allongé, conique, souvent lobé en forme de crête de coq ou de dent de cheval, surtout les premiers fruits ; graines saillantes, de couleur rouge pâle ou rouge très foncé, suivant la maturité ; chair pleine, blanc jaunâtre, sèche ou peu juteuse, ayant la saveur de la fraise des quatre saisons. Maturité tardive, à la fin de juin ou au commencement de juillet. Fleur petite, large de.... mill ; tige pubescente, grêle. Feuille à pétiole velu, à folioles petites, plissées, glabres ou munies de poils rares en-dessus, pubescentes et comme argentées à la surface inférieure, à dents aiguës, d'un vert blondissant.

Cette variété a son fruit généralement beaucoup plus gros et plus parfumé que celui des Alpes ; elle est extrêmement productive mais ne donne qu'une fois.

FRAISIER

DES ALPES.

Syn. — Fraise des quatre saisons. — Fraise de tous les mois. — Fraise des Alpes de deux saisons. — Fraise perpétuelle.

Noms étr. — **Angl.** S. red Alpine. S. scarlet Alpine. S. prolific Alpine.

Fragaria vesca var. semperflorens.

Fruit petit, pesant 2 grammes, en cône plus ou moins obtus ; graines saillantes, rouge clair passant au rouge très foncé lorsque la maturité est complète ; chair blanc jaunâtre, creuse, sèche ou contenant peu d'eau, un peu acidulée, mais d'une odeur suave très prononcée ; maturité précoce, vers le 15 juin. Fleur petite, large de 18 millim. ; tige velue, élevée, grêle. Feuille à pétiole velu, à folioles petites, plissées, glabres sur les deux faces, la nervure médiane de la surface inférieure légèrement pubescente ; vert pâle, blanchâtres à la surface inférieure, denticulées. Originaire du mont Cenis.

Cette espèce, l'une des plus productives et des plus savoureuses, réunit à ces qualités le mérite unique de remonter, c'est-à-dire de fournir une seconde et abondante fructification à l'automne ; son fruit est aussi l'un de ceux qui souffrent le moins du transport, à cause de la fermeté de sa chair qui se trouve, en outre, protégée par les graines qui sont saillantes sur le fruit.

FRAISIER

DES ALPES A FRUIT BLANC.

Syn. — Fraise des quatre saisons a fruit blanc. — Fraise de tous les mois a fruit blanc. — Fraise des Alpes de deux saisons a fruit blanc. — Fraise perpétuelle a fruit blanc.

Noms étr. — **Angl.** S. white Alpine.

Sous-variété dont le fruit a peut-être moins d'acidité ; le pétiole et l'extrémité des dents sont moins colorés que dans la variété à fruit rouge.

FRAISIER

DES ALPES SANS FILETS A FRUIT ROUGE.

Syn. — Fraise de Gaillon a fruit rouge. — Fraise buisson. — Fraise des Alpes sans coulans a fruit rouge.

Noms étr. — Angl. S. Bush Alpine red.

Fragaria vesca var. efflagellis. Duch.

Sous-variété qui a l'avantage de ne pas produire de coulans ou filets, et qui convient mieux pour cultiver en bordure. Elle se reproduit assez exactement de graine.

Maturité plus tardive que celle de la fraise des Alpes ordinaire.

FRAISIER

DES ALPES SANS FILETS A FRUIT BLANC.

Syn. — Fraise de Gaillon a fruit blanc. — Fraise buisson a fruit blanc. — Fraise des Alpes sans coulans a fruit blanc.

Noms étr. — Angl. S. bush Alpine white.

Cette sous-variété a le mérite de donner à la fin de l'automne, dans toute sa perfection de saveur, une récolte assez abondante, lors même que le temps est déjà assez refroidi pour ne plus permettre aux fraisiers à fruits rouges d'atteindre leur maturité.

2° FRAISIER CAPERON

Fragaria elatior.

Folioles plissées, de contexture ferme, vertes ; fleurs presque dioïques ou dioïques par avortement ; sépales réfléchis sur le pédoncule après la floraison ; pétales blanc de neige arrondis, entiers ; fruit de consistance ferme, adhérant un peu au calice.

FRAISIER

CAPERON ROYAL.

Syn. — Fraisier caperon parfait. — Fraisier de Bruxelles. Fraisier de Fontainebleau. — Fraisier hermaphrodite hautboy.

Noms étr. — **Angl.** S. Hautbois prolific or conical. S. Hautbois. double bearing. S. Hautbois hermaphrodite. — **All.** E. Garten.

Fragaria elatior var. moschata. Duch.

Fruit moyen, pesant environ 3 grammes ; en cône obtus, régulier ; graines saillantes ; rouge foncé, chair pleine, blanche, quelquefois colorée de rouge foncé au cœur, assez juteuse, d'une saveur peu prononcée, mais toute particulière ; maturité tardive, vers la fin de juin ou le commencement de juillet. Fleur large de.... millim. ; hermaphrodite, étamines persistantes autour de la base du fruit, même après la maturité. Tige velue ou duveteuse, assez forte, dressée, haute. Feuille à pétiole très velu, surtout dans la jeunesse, à folioles plissées, grandes ou moyennes, allongées, pubescentes, surtout en-dessous ; dents aiguës ; de couleur vert pâle.

Cette espèce se distingue par sa saveur particulière ; elle est assez peu fertile, refleurit quelquefois à l'automne, mais les fruits n'arrivent pas à maturité.

FRAISIER

CAPERON FRAMBOISÉ.

Syn. — Fraisier abricot.

Noms étr. — **Angl.** S. Common Hautbois. S. Hautbois. S. old Hautbois. S original Hautbois. S. diœcious Hautbois, S. Hautbois or Musky.

Fragaria elatior var. dioica. Duch.

Fruit petit ou moyen, pesant environ 4 grammes, presque rond ; graines saillantes ou peu enfoncées dans les alvéoles, souvent nulles ou avortées sur la partie du fruit qui approche du calice ; rouge violacé foncé ; chair pleine, blanc jaunâtre, à goût relevé de framboise. Maturité tardive, fin de juin ou commencement de juillet. Fleurs dioïques, la femelle, large de $0^m,30$ cent. ; la fleur mâle plus grande pourvue de longues étamines ; tige très velue, surmontant les feuilles, assez forte et dressée. Feuille à pétiole très velu, surtout dans la jeunesse, à folioles grandes, allongées, plissées, pubescentes, à dents aiguës, d'un vert pâle.

La saveur très particulière du fruit fait le mérite de cette espèce qui, dans plusieurs natures de terrain, n'est pas très fertile, mais dans les terres fortes son produit est très considérable.

3° FRAISIER ÉCARLATE

Fragaria Virginiana.

Dioïque par avortement (1), hâtif; fleurs presque campanulées, pétales ovales; feuilles de contexture ferme, non plissées, pédoncules et pédicelles plus longs que les feuilles, fruits boursoufflés, pendans, styles très longs.

FRAISIER

ÉCARLATE DE VIRGINIE.

Syn. — FRAISIER FRAMBOISE. — FRAISIER DE VIRGINIE. — QUOIMIO DE VIRGINIE. — GUIGNE DE VIRGINIE.

Noms étr. — **Angl.** — S. Old scarlet. S. scarlet Virginian. — **All.** E. Virginisches.

Fruit petit, pesant environ 1 gramme, rond; rouge clair; chair pleine, blanche au centre, rouge vers la circonférence du fruit, pâteuse, de saveur acidulée médiocre; graines enfoncées dans des alvéoles grandes et profondes; maturité très hâtive, vers le 25 mai. Fleur large de 30 millim; hampe glabre ou très légèrement pubescente, droite, élevée, pourtant moins haute que les feuilles. Feuilles à pétiole très élevé, presque glabre; folioles vert tendre, grandes, très allongées, de contexture mince, glabres, les nervures de la face inférieure légèrement duveteuses, dents aiguës et longues.

Cette espèce n'a d'autre mérite que sa précocité, et nous l'aurions exclue de notre collection commerciale si elle n'avait quelque intérêt comme type du genre des *Écarlates*.

(1) NOTA. — Nous n'avons jamais remarqué qu'une seule variété, l'Américaine écarlate, qui fût dioïque.

FRAISIER
ECARLATE GROVE END.

Syn. — ....

Noms étr. — **Angl.** S. grove end scarlet.

Fruit petit, pesant environ 2 grammes; graine enfoncée dans les alvéoles; rouge vif; chair pleine, rose, de saveur acidulée; maturité très précoce, vers le 1er juin. Fleur petite; tige presque glabre ou légèrement duveteuse, grêle, droite et élevée. Feuille à pétiole presque glabre, mince, élevé, à folioles petites, glabres, vert pâle.

La très grande précocité de cette variété est son principal mérite; elle demande à être replantée tous les ans pour conserver sa grande fertilité.

FRAISIER
ÉCARLATE AMÉRICAINE.

Syn. — ....

Noms étr. — **Angl.** S. american scarlet.

Fruit moyen ou petit, pesant environ 3 grammes; allongé, à col très prononcé; alvéoles très marquées à cloisons anguleuses, mais peu profondes; rouge vif et comme glacé; chair pleine, blanche, colorée de rose vers la circonférence, parfumée et sucrée, maturité très tardive. Fleur large de..... (très petite). Tige haute, glabre ou à peine pubescente. Feuille à pétiole élevé, glabre ou à peine pubescent; à folioles grandes, allongées, glabres; dents aiguës, vert pâle.

Cette variété est très fertile, elle est de bonne qualité et la meilleure des *Écarlates*; mais en somme elle est inférieure aux nouvelles variétés anglaises.

4° FRAISIER DU CHILI
Fragaria Chilensis.

Tardif, toujours dioïque par avortement, feuilles glauques, épaisses, à dent larges, velues sur la surface supérieure et sur l'inférieure, pédoncules gros, sépales et fruits dressés ou pendans. De l'Amérique méridionale.

FRAISIER

DU CHILI.

Syn. — Frutiller. — Quoimio du Chili.

Noms étr. — **Angl.** S. truc Chili. — **All.** E. Riesen. E. Chili. — **Au Pérou**, Frutilla. Frutillar.

Fragaria Chilensis. Duch.

Fruit se redressant pour mûrir, très gros, pesant en moyenne 11 grammes; rouge vermillon vif du côté du soleil, jaunâtre ambré du côté de l'ombre; chair creuse; de couleur variable, blanche, rouge ou rouge marbré, souvent pâteuse ou de saveur peu relevée sous notre climat, excellente dans les terrains et dans les climats favorables, notamment à Ploumgastel, près de Brest; graines enfoncées dans les alvéoles qui sont notablement espacées entre elles, maturité tardive. Fleur large de 33 millim., unisexuelle, femelle et demandant à être fécondée par d'autres espèces; hampe velue et comme cotonneuse, courte et grosse : feuilles à pétiole velu, cotonneux, ferme, folioles de dimension moyenne ou petite, vert tendre, légèrement pubescentes en-dessus, blanchâtres et soyeuses à la surface inférieure.

Cette espèce est tardive, peu productive, délicate pour notre climat et souffre quelquefois dans les hivers rigoureux; elle préfère les terres fortes et les expositions chaudes. Elle est intéressante pour l'époque tardive de sa maturité, qui a lieu au mois d'août; elle donne quelquefois encore en septembre.

FRAISIER

ANANAS.

Syn. — ....

Noms étr. — **Angl.** ....

Fragaria chilensis var. ananassa. Duch.

Fruit gros, pesant 6 grammes en moyenne, arrondi ou en cône très obtus; vermillon pâle; chair creuse, un peu sèche et de saveur peu relevée; graines peu enfoncées dans les alvéoles; maturité tardive, du 25 au 30 juin. Fleur large de 28 mill., tige assez forte, légèrement velue. Feuilles à pétiole presque glabre, dressé; folioles grandes, allongées, vert foncé, glabres, légèrement pubescentes sur les nervures de la face inférieure, à dents obtuses ou aiguës, arrondies, légèrement ciliées.

Cette espèce a pour principal mérite sa très grande fertilité et sa facilité à venir dans tous les terrains; son fruit est d'une qualité très médiocre, ayant plus d'odeur que de saveur.

5° FRAISIERS MÉTIS
ou
HYBRIDES.

FRAISIER
BLACK PRINCE.

Syn. — ....

Noms étr. — **Angl.** S. Black Prince.

Fruit moyen, pesant 4 à 5 grammes, arrondi ou en cône très obtus, à col quelque peu prononcé; graines presque saillantes ou peu enfoncées dans les alvéoles; rouge très foncé; chair creuse, rouge vers la circonférence; assez juteuse, acidulée, assez bonne; maturité précoce, vers la fin de mai. Fleur large de 28 millim.; tige très grêle, presque glabre ou légèrement pubescente. Feuilles à pétiole glabre ou légèrement pubescent, à folioles petites ou moyennes, faiblement hispides, les nervures de la face inférieure assez sensiblement velues, dents plutôt obtuses, ciliées; vert assez intense.

Cette variété se recommande par sa précocité et la couleur foncée de son fruit, qualité particulièrement estimable en première saison. Elle convient bien pour la culture forcée.

FRAISIER
BRITISH QUEEN.

Syn. — ....

Noms étr. — **Angl.** S. British queen.

Fruit très gros, pesant en moyenne 10 à 11 grammes; oblong irrégulier, souvent aplati, à bout conique ou carré; rouge vermillon clair; graines brunes, saillantes; chair pleine, assez ferme, blanc rosé, souvent plus blanche au cœur, abondante en eau, sucrée, parfumée, exquise; maturité très tardive, vers la fin de juin ou le commencement de juillet, précédant cependant un peu celle de l'*Elton*. Fleur large de 30 millim., ayant généralement 6 pétales; tige grosse, pubescente, ordinairement entraînée par le volume du fruit. Feuilles à pétiole velu, à folioles grandes, arrondies, presque glabres, d'un beau vert vif.

Cette variété est l'une des meilleures ; elle se recommande par la grosseur, par la qualité et aussi par la maturité tardive de son fruit ; cependant elle a le défaut d'être un peu délicate sur le terrain ; elle préfère les terres fortes et franches.

FRAISIER
COMTE DE PARIS.

Syn. — ....
Noms étr. — ....

Fruit gros, pesant 6 à 7 grammes, allongé en cône obtus ; rouge vif ; chair presque pleine, blanche nuancée de rouge au centre et rouge vif vers la circonférence du fruit ; légèrement acidulée, très abondante en eau, de bonne qualité ; graines jaunes, petites, peu enfoncées. Maturité de 2me saison, vers le 20 juin. Fleur large de 30 millim. ; hampe pubescente, assez grosse, inclinée. Feuilles à pétiole pubescent ; folioles vert tendre, de dimension moyenne, glabres, nervures de la face inférieure légèrement pubescentes, dents arrondies, ciliées.

FRAISIER
DEPTFORD PINE (de Myatt?)

Syn. — ....
Noms étr. — Angl. Deptford pine, Myatt's ?

Fruit gros, pesant 7 à 8 grammes, oblong, aplati, plein, à chair blanche, rose au cœur, peu sucré, à goût relevé, assez bonne, de 2me qualité ; graines enfoncées dans les alvéoles. Maturité précoce, vers le 10 juin. Fleur large de 30 millim., à pédoncule pubescent. Hampe assez forte, pubescente. Feuille à pétiole pubescent, à folioles allongées, grandes, d'un vert léger, glabres, légèrement pubescentes à la surface inférieure, dents ciliées.

Cette espèce est assez recommandable.

FRAISIER
ELTON.

Syn. — ....

Noms étr. — **Angl.** S. Elton.

Fruit gros, pesant 6 à 7 grammes, ordinairement allongé, en cône aigu; rouge foncé; chair pleine; rouge vif avec un léger cercle blanc au cœur; très juteuse, acidulée; graines peu enfoncées dans les alvéoles; maturité tardive, du 25 juin au 10 juillet. Fleur large de 28 millim., ayant 5 à 6 pétales; hampe courte, pubescente, généralement penchée. Feuille à pétiole velu, court, dressé, à folioles d'un vert bleuâtre, petites, d'un aspect particulier et souvent creusées en cuiller, glabres sur la face supérieure, velue sur les nervures de la face inférieure, notamment sur la nervure médiane; dents obtuses.

Cette variété est très fertile, très rustique, et se recommande par sa maturité tardive.

FRAISIER
ÉLÉANOR, DE MYATT.

Syn. — ....

Noms étr. — **Angl.** S. Eleanor, Myatt's.

Fruit très gros, pesant jusqu'à 15 à 16 grammes, allongé en cône plus ou moins aigu, quelquefois elliptique, irrégulier et monstrueux; rouge très foncé; chair presque pleine, légèrement acidulée, juteuse, de saveur relevée: graines saillantes. ou peu enfoncées dans les alvéoles; maturité très tardive, vers la fin de juin ou le commencement de juillet. Fleur large de 0^m, 30 millim.; hampe velue, assez forte, penchée. Feuilles à pétiole velu, folioles de dimension moyenne, généralement creusées en cuiller, presque glabres ou munies de poils rares en-dessus, pubescentes et comme soyeuses et argentées à la surface inférieure, dents obtuses, très ciliées.

Cette variété se distingue par le volume de son fruit, qui est un des plus gros que l'on connaisse; en outre elle paraît être fertile.

FRAISIER

ÉLYSA, DE MYATT.

Syn. — ....

Noms étr. — **Angl.** S. Elisa Myatt's.

Fruit moyen, pesant environ 7 grammes, de forme conique, quelquefois irrégulière et mamelonnée, remarquable par un étranglement au col (neck des Anglais) situé au-dessous du calice, à la base du fruit ; rouge vermillon clair ; chair pleine, blanc rosé, juteuse, de goût relevé, très parfumé et particulier à cette variété ; maturité vers le 10 juin. Fleur large de 0^m, 30 millim.; hampe velue, moins haute que les feuilles, assez forte et pourtant penchée. Feuilles à pétiole velu, élevé et gros ; folioles vert foncé luisant, grandes, poils rares à la face supérieure, nervures de la face inférieure pubescentes, dents obtuses peu profondes, ciliées.

Cette variété, remarquable par la qualité de son fruit, est un peu délicate sur la nature du terrain et préfère les terres franches un peu fortes ; elle n'est pas très fertile, mais elle donne des fruits pendant un mois ou six semaines.

FRAISIER

GOLIATH, DE KITTLEY.

Syn. — ...

Noms étr. — **Angl.** S. Goliath, Kittley's.

Fruit moyen, pesant   grammes, en cône obtus ; rouge vermillon ; chair pleine, blanche, juteuse, parfumée, d'une saveur exquise ; graines enfoncées dans les alvéoles ; maturité tardive, vers le 30 juin. Fleur large de 30 millim. ; hampe velue, droite, forte, moins haute que les feuilles. Feuilles à pétiole velu, à folioles de dimension moyenne, légèrement hispides, à dents obtuses ; ayant dans leur ensemble l'aspect des feuilles de F. Princesse royale.

Cette variété est fertile en même temps que rustique, et de très bonne qualité.

FRAISIER

GROSSE BLANCHE DE BARNER.

Syn. — ....

Noms étr. — **Angl.** S. Barner's White.

Fruit gros, pesant en moyenne 9 grammes ; rond, quelquefois un peu aplati ;

graines roses, presque saillantes ou peu enfoncées dans les alvéoles ; blanc ambré ; maturité très tardive, vers la fin de juin ; chair creuse, sucrée, assez parfumée, un peu pâteuse. Fleur large de 24 mill. ; tige pubescente, forte, entraînée par les fruits. Feuille à pétiole pubescent, assez grêle, à folioles de dimension moyenne, assez arrondies, glabres, légèrement pubescentes sur les nervures de la surface inférieure ; dents obtuses, grandes, légèrement ciliées ; vert intense.

Cette variété est fertile et se distingue par la couleur de son fruit.

FRAISIER
DE HOOPER.

Syn. — ....

Noms étr. — **Angl.** S. Hooper's Seedling.

Fruit gros, pesant jusqu'à 15 grammes, allongé, souvent aplati, carré du bout ou en crête ; rouge très foncé ; chair pleine et ferme, rouge veiné de rose à la circonférence et au cœur, juteuse, sucrée, de saveur relevée, de bonne qualité ; graines peu saillantes : maturité assez tardive, vers le 25 juin. Fleur large de 33 millim., de 5 à 7 pétales ; hampe pubescente, penchée, plus courte que les feuilles. Feuilles à pétiole long, pubescent, à folioles vert pâle, grandes, arrondies, bombées ou convexes, glabres, à nervures de la surface inférieure pubescentes ; dents aiguës, ciliées ; vert pâle.

Belle et bonne variété, en même temps qu'elle est fertile.

FRAISIER
DE KEEN.

Syn. — ....

Noms étr. — **Angl.** S. Keen's Seedling.

Fruit moyen, pesant 5 à 6 grammes, rond ou en cône obtus ; rouge vif ; chair pleine, blanche, rouge au cœur, sucrée, juteuse, de goût relevé, de bonne qualité ; graines enfoncées dans les alvéoles : maturité précoce, vers le 5 juin. Fleur large de 25 millim. ; tige pubescente, plus courte que les feuilles, faible et penchée. Feuilles à pétiole pubescent, à folioles vert foncé, luisantes, grandes, arrondies, dents aiguës, obtuses, ciliées.

Cette variété rustique, très fertile et l'une des plus hâtives, convient bien pour la culture forcée : elle produit pendant longtemps.

DESCRIPTION

FRAISIER

MAMMOTH.

Syn. — ....

Noms étr. — **Angl.** S. Mammoth.

Fruit gros, pesant 8 à 9 grammes, en cône obtus, de forme peu régulière, mamelonné ou à côtes; rouge vif; chair creuse, blanche, assez sucrée, de goût relevé; graines enfoncées dans les alvéoles; maturité demi-hâtive, vers le 20 juin. Fleur large de   millim.; hampe velue, courte, penchée, quoiqu'assez grosse. Feuille à pétiole pubescent, à folioles vert assez foncé, petites ou moyennes, glabres, pubescentes sur les nervures de la face inférieure, dents obtuses.

Cette variété paraît être fertile.

FRAISIER

DE PATRICK.

Syn. — ....

Noms étr. — **Angl.** S. Patrick's Seedling.

Fruit très gros, pesant 7 à 8 grammes, allongé, aplati, carré du bout; rouge pâle tirant sur le rouge orangé; chair creuse, blanche, sucrée, très juteuse, parfumée; de très bonne qualité; graine peu enfoncée dans les alvéoles; maturité hâtive. Fleur large de   millim.; pédoncule velu, assez ferme, aussi élevé que les pétioles des feuilles. Feuille d'un vert assez foncé, à folioles grandes, allongées, presque glabres ou munies de poils rares à la surface supérieure, pubescentes sur les nervures de la surface inférieure; dents aiguës.

Cette variété est fertile et de bonne qualité; il en existe sous le même nom une autre variété dont le fruit, à chair rouge et acidulée, est inférieur en qualité.

FRAISIER

PRINCESSE ROYALE.

Syn. — ....

Noms étr. — ....

Fruit gros, pesant en moyenne 9 grammes 1/2, de forme allongée, conique, régulière, rouge vif glacé; chair pleine, ferme, assez sucrée, pourtant de goût peu relevé, rose, légèrement rouge au cœur, rouge vif à la circonférence; graines généralement rouges; alvéoles petites, peu profondes; maturité précoce (précédant de 8 jours la fraise Comte de Paris), de la fin de mai au commencement de juin. Fleur large de 25 millim., à pédoncule glabre ou légèrement pubescent, assez faible. Feuilles à folioles grandes, allongées (plus que dans le fraisier Comte de Paris), glabres, légèrement velues sur les nervures de la surface inférieure; dents aiguës, ciliées.

Cette variété, très productive et l'une des plus belles parmi les grosses fraises, est également l'un des plus convenables pour la culture forcée.

FRAISIER
ROYAL PINE.

Syn. — ....

Noms étr. — **Angl.** S. royal Pine.

Fruit moyen, assez gros, variable dans ses dimensions, pesant environ 5 gram.; de forme arrondie, régulière; rouge clair; chair assez pleine, blanche, rosée au cœur, abondante en eau, parfumée, sucrée, excellente; graines peu enfoncées dans les alvéoles; maturité assez précoce, vers le 20 juin. Fleur large de 30 millim., à tige pubescente, faible. Feuilles à pétiole pubescent, à folioles vert foncé, grandes, arrondies, glabres, pubescentes sur les nervures de la face inférieure, à dents grandes, aiguës, ciliées.

Cette fraise, l'une des meilleures connues, n'est pas de premier mérite sous le rapport de la fertilité.

D'après le supplément au catalogue de la *Société horticulturale de Londres*, cette variété est la même que Swainstone's Seedling, mais elle nous a paru en différer par ses dimensions plus fortes.

FRAISIER
SUPERBE DE WILMOTT.

Syn. — ....

Noms étr. — **Angl.** S. Wilmott's Superb.

Fruit gros, pesant 7 à 8 grammes, presque rond, rouge vif; chair peu serrée au centre, croquante à la circonférence, de couleur blanc rosé au cœur, rouge alterné de blanc à la circonférence, de goût assez fade; alvéoles notablement distantes entre elles; maturité tardive, du 25 au 30 juin. Fleur large de 35 millim., à 5 à 6 pétales; à pédoncule fort, pubescent. Feuille à pétiole pubescent, à folioles moyennes, glabres, pubescentes sur la nervure médiane à la surface inférieure, à dents aiguës, légèrement ciliées.

Cette variété est peu fertile et ne se recommande que par la grosseur de son fruit, qui atteint quelquefois des dimensions considérables; c'est la plus ancienne des grosses fraises anglaises.

FRAISIER
DE SWAINSTONE.

Syn. — ....

Noms étr. — **Angl.** Swainstone's Seedling.

Fruit moyen, pesant 9 grammes, rond, rouge vermillon; chair creuse, blanche, sucrée, parfumée, abondante en eau; graines médiocrement enfoncées dans les alvéoles; maturité assez précoce du 5 au 10 juin. Fleur large de 30 millim., à 5 pétales, à tige velue, faible, plus courte que les pétioles des feuilles. Feuilles grandes, à folioles arrondies, luisantes, glabres, légèrement pubescentes sur les nervures de la surface inférieure, à dents grandes et aiguës, ciliées, vert foncé.

Cette variété est assez fertile; elle conviendrait très bien pour la culture forcée si la teinte pâle de son fruit n'en rendait la vente difficile.

Il existe en Belgique, sous le même nom, une variété bien distincte qui nous a paru identique à la fraise Alice Maud.

FRAISIER
VICTORIA TROLLOP.

Syn. — ....

Noms étr. — **Angl.** S. Victoria Trollop.

Fruit gros, pesant 7 à 8 grammes, de forme arrondie très régulière; rouge vermillonné; chair un peu creuse, blanc rosé, assez juteuse, sucrée, de goût relevé, de bonne qualité; maturité précoce; graines enfoncées dans les alvéoles. Fleur large de 28 millim., à pédoncule très légèrement velu, fort, plus court que les pétioles des feuilles. Feuilles à folioles d'un vert assez clair, grandes, assez arrondies, quelques-unes en cuiller, à dents obtuses; glabres, légèrement pubescentes sur les nervures de la face inférieure.

Cette variété, l'une des meilleures parmi les nouvelles, se recommande, en outre, par sa rusticité.

GESSE

TUBÉREUSE.

Syn. — Anette. — Anotte de Bourgogne. — Arnouto. — Chourles. — Favouette. — Gland de terre. — Jacquerotte. — Louisette. — Macion. — Macjon. — Macusson. — Magjon. — Megason. — Meguson. — Minson. — Mitrouillet.

Noms étr. — All. Knollige Platterbse. — Ital. Ghianda di terra.

Lathyrus tuberosus. — Fam. des *Légumineuses.*

Indigène. Vivace. Racine tubéreuse de la grosseur d'une noisette; tige grimpante, haute de 2 mètres, quadrangulaire, glabre, d'un vert clair; stipules linéaires; vrilles rameuses portant deux folioles ovales; fleurs en grappe, assez grandes, d'un beau rose carmin, légèrement odorantes; gousse glabre; graine assez grosse, oblongue, un peu carrée ou anguleuse, de couleur brune légèrement tavelée de noir. Sa durée germinative est de .... années. Dix grammes contiennent .... graines.

Usage. On mange la racine dont la chair blanche contient une fécule abondante amylacée, et dont la saveur approche de celle de la châtaigne.

Cette plante, souvent trop commune dans les terres cultivées, est envahissante et devient très incommode dans les jardins : elle n'est pas assez productive et son tubercule n'a pas un mérite suffisant pour balancer ses inconvénients.

GESSE

CULTIVÉE.

Syn. — Dent de brebis. — Gesse blanche. — Gesse domestique. — Jarra. — Lentille suisse. — Lentille d'Espagne. — Lentillin. — Pois breton. — Pois carré. — Pois gesse. — Pois gras.

Noms étr. — Angl. Chickling Vetch. — All. Essbarer Platterbse. — Ital. Cicerchia bianca.

Lathyrus sativus. — Fam. des *Légumineuses.*

Indigène. Annuelle. Tige rameuse, faible, haute de 0^m,40 à 0^m,50, ailée, glabre;

vrille simple portant deux à quatre folioles lancéolées linéaires, acuminées-entières; stipules semi-sagittées; pédoncule uniflore, articulé, portant deux petites bractées; calice foliacé, fleur blanche; gousse courte, large, ailée sur le dos; graine grosse, triangulaire, blanche; sa durée germinative est de 5 années. Dix grammes contiennent 389 graines.

Usage. On mange les semences encore vertes comme les petits pois, et en purée lorsqu'elles sont mûres : cette plante est peu cultivée comme légume.

Culture. — V. *Almanach du Bon Jardinier*, 1854, p. 476.

GOMBO.

Syn. — GOMBAUD. — KETMIE COMESTIBLE. — GUIABO.

Noms étr. — **Angl.** Okro. — Okra. — **All.** Essbarer Hibiscus. — **Esp.** Quibombo. — **Ital.** Ibisco.

Hibiscus esculentus. — Fam. des *Malvacées*.

De l'Amérique méridionale. Annuelle. Tige de 0^m,60 à 1^m,30, épaisse, simple; feuilles à cinq lobes, dentées, très grandes, d'un vert foncé; fleurs à cinq pétales, d'un jaune soufre avec le centre pourpre, solitaires, axillaires, pédonculées; fruit ou capsule conique ou pyramidal, long de 8 à 10 cent. sur 3 à 4 de diamètre à la base, sillonné; graine assez grosse, réniforme, verdâtre, légèrement sillonnée d'aspérités grises; sa durée germinative est de 4 années; dix grammes contiennent 485 graines.

Usage. On mange les capsules ou fruits avant qu'elles aient atteint tout leur développement et on les mêle aux potages ou aux ragoûts qu'elles rendent épais et visqueux en leur donnant une saveur acidulée que les créoles trouvent agréable. On a proposé aussi la graine comme succédanée du café.

Culture. — V. *Almanach du Bon Jardinier*, 1854, p. 476.

HARICOT.

Syn. — Pois. — Phaséole.

Noms étr. — **Angl.** French-Bean. — Kidney Bean. — **All.** Bohne. — **Esp.** Habichuela. — **Port.** Feijão. — **Ital.** Fagiuolo.

Phaseolus vulgaris. — Fam. des *Légumineuses*.

Des Indes orientales. Annuel. Tiges volubiles ou courtes, et rameuses, légèrement pubescentes; feuilles à trois folioles articulées, ovales, pointues, obliques, pubescentes; pétiole anguleux, noueux à sa base; stipules petites. Fleurs en grappes axillaires, pédicellées, géminées, blanches, rose ou lilas, accompagnées de bractées ouvertes, ordinairement, plus petites que le calice. Légume ou gousse longue, mucronée (terminée par un éperon), comprimée ou cylindrique, bivalve, polysperme. Grain ovale-oblong, comprimé ou arrondi, très variable de forme ou de couleur, selon les variétés. La durée germinative est de trois années environ.

Usage. On mange le grain sec ou avant sa maturité et les cosses encore jeunes ou formées avec le grain dans les espèces sans parchemin dites mange-tout.

Culture. — V. *Almanach du Bon Jardinier*, 1854, p. 477.

Savi a établi pour les haricots cultivés une classification basée sur la forme et la couleur du grain; mais nous croyons devoir adopter celle qui est la plus habituelle parmi les jardiniers et qui établit des distinctions utiles pour la culture.

1º **Haricots à rames, à parchemin.**
2º — à rames, sans parchemin ou mange-tout.
3º — nains, à parchemin.
4º — nains sans parchemin ou mange-tout.
5º — d'Espagne. Ph. multiflorus.
6º — de Lima. Ph. lunatus.
— — de Sieva. —
7º **Doliques,** que nous classons avec les haricots, à cause des similitudes qui rapprochent ces deux genres.

1° HARICOTS A RAMES.

Noms étr. — **Angl.** Running-Beans. — **All.** Stangen-Bohne. — **Ital.** Fagiuoli da frasca.

a. VARIÉTÉS A PARCHEMIN.

HARICOT
DE SOISSONS A RAMES.

Syn. — ....

Noms étr. — **Ital.** F. di Soissons.

Tiges s'élevant à 2 mètres et plus; feuilles grandes; fleur blanche; gousse verte, devenant jaune à la maturité, arquée, quelquefois un peu contournée, longue de $0^m,16$ à $0^m,18$; large de $0^m,017$ à $0^m,019$; épaisse de $0^m,11$ à $0^m,012$; marquée de gibbosités et de dépressions produites par la saillie des grains; au nombre de 8 à 10 par pied; contenant 4 à 6 grains (1); grain blanc en forme de rognon, long de $0^m,025$, large de $0^m,011$, épais de $0^m,006$ en moyenne; au nombre de 670 par litre, très farineux. Maturité très tardive.

Ce haricot est l'un des plus estimés pour manger en sec; le grain est très farineux et n'a presque pas de parchemin; mais ces qualités sont locales, dépendent beaucoup du terroir et se perdent promptement ailleurs.

HARICOT
DE LIANCOURT.

Syn. — ....

Noms étr. — ....

Cette race ne nous paraît être qu'une sous-variété du Haricot de Soissons cultivée dans un autre sol; le grain est plus gros, mais de moins bonne qualité.

---

(1) Les données que nous publions sur le produit comparatif et sur les dimensions des différentes variétés de Haricots ont été relevées dans une culture en plein champ, médiocrement favorable au développement de la végétation; le rendement devrait donc être dépassé dans une terre riche et dans des circonstances plus favorables.

HARICOT
SABRE A RAMES.

Syn. — ....

Noms étr. — **Ital.** F. Scabiola.

Tige de 2 à 3 mètres; fleur blanche, accompagnée de bractées très développées, plus grandes que le calice; feuilles grandes, comme celles du H. de Soissons; gousse vert clair devenant jaunâtre à la maturité, arquée vers l'extrémité, souvent contournée, longue de 0^m,20 à 0^m,28, large de 0^m,020 à 0^m,025, épaisse de 0^m,016, très marquée par la saillie des grains, à demi sans parchemin, au nombre de 10 par pied, contenant 7 à 8 grains et quelquefois 9. Grain blanc de crème, en forme de rognon, long de 0^m,018, large de 0^m,009, épais de 0^m,005 en moyenne, au nombre de 1640 par litre; maturité de quelques jours plus tardive que celle du H. de Soissons.

Cette variété est très productive et son grain est l'un des meilleurs à manger en sec; ses cosses sont tendres et peuvent être mangées en vert ou confites au vinaigre, après avoir été coupées par lanières.

b. VARIÉTÉS SANS PARCHEMIN.

HARICOT
PRÉDOMME.

Syn. — H. Prudhomme. — H. Prodommet. — H. L'Ami des cuisiniers.

Noms étr. — ...

Tige de 1^m,50; feuille généralement obtuse ou arrondie; fleur blanche; cosse verte devenant jaune à la maturité, droite, longue de 0^m,090, large de 0^m,0095 à 0^m,010, épaisse de 0^m,0097, charnue, très tendre et cassante, au nombre de 50 et plus par pied; grains très marqués en saillie, serrés dans la cosse qui en contient 6 à 7, grain blanc sale ou blanc grisâtre, presque ovoïde, long de 0^m,009, large de 0^m,009, épais de 0^m,006; au nombre de 2490 par litre; maturité tardive, ayant lieu quelques jours après celle du Prague marbré. — Il diffère du H. Friolet par la longueur un peu plus grande de ses cosses; le grain est un peu plus gros et moins ordinairement déprimé ou aplati aux extrémités. Ce haricot, très répandu en

Normandie, est peut-être le meilleur des H. sans parchemin, et sa cosse peut être mangée alors qu'elle est presque sèche ; il est très productif ; mais le grain, comme celui de presque tous les mange-tout, mûrit difficilement ou se tache lorsque les automnes sont humides.

HARICOT
FRIOLET.

Syn. — ....

Noms étr. — ....

Tige de 1^m,50 et plus ; feuilles un peu cloquées ; fleur blanche ; cosse verte devenant jaune et prenant quelquefois une teinte violette à la maturité ; droite, longue de 0^m,085, large de 0^m,010 à 0^m,0105, charnue, très tendre et cassante, grains formant des saillies très marquées, serrés dans la cosse qui en contient 5 à 6, quelquefois 7, au nombre de 18 à 20 par pied. Grain d'un blanc sale de la couleur du H. Prédomme, souvent déprimé à l'une des extrémités ou aux deux extrémités, et marqué sur ce point d'une tache jaune, long de 0^m,008, large de 0^m,007, épais de 0^m,006, au nombre de 4000 par litre. Il diffère du Prédomme, en ce que son grain est plus petit, de forme plus carrée et sa cosse un peu plus longue.

Très bonne variété.

HARICOT
PRINCESSE A RAMES.

Syn. — ....

Noms étr. — ....

Tige de 2 mètres et plus ; feuilles vert foncé, un peu cloquées ; fleur blanche ; cosse verte devenant jaune à la maturité, droite, longue de 0^m,12, large de 0^m,115 ; épaisse de 0^m,010, tendre, marquée, par la forme des grains, de saillies moins considérables que dans le H. Prédomme, contenant 6 et 7, quelquefois 8 grains, au nombre de 16 à 22 par pied. Grain blanc, presque ovoïde, long de 0^m,010, large de 0^m,007, épais de 0^m,006 ; au nombre de 3200 par litre. Maturité devançant celle des H. Friolet et Prédomme. Il diffère du Prédomme par son grain généralement plus gros, plus blanc, par ses cosses plus longues, moins étranglées dans les intervalles des grains et enfin par sa plus grande précocité.

Très bonne variété.

HARICOT
D'ALGER.

Syn. — H. BEURRE. — H. TRANSLUCIDE. — H. CIRE. — H. DE RIGA.
Noms étr. — All. B. Schwarze weis-schalige Wachs.

Tige de 2m,50; feuille allongée, d'un vert blond; fleur lilas; cosse arquée, très ronde, à grain peu saillant, d'abord verte, prenant promptement une teinte jaune clair, franchement sans parchemin, très tendre, longue de 0m,12 à 0m,13, large de 0m,012 à 0m,015, épaisse de 0m,013 à 0m,016, au nombre de ...... par pied, contenant 5 à 6 grains. Grain noir, brillant, à ombilic blanc, presque ovoïde, légèrement aplati, long de 0m,013, large de 0m,010, épais de 0m,008; au nombre de 1340 par litre. Maturité très tardive. Cette variété est remarquable par la couleur de sa cosse qui d'ailleurs est très tendre; elle se recommande aussi par un produit abondant.

HARICOT
DE PRAGUE, MARBRÉ.

Syn. — H. CHOU. — H. LENTILLE. — H. COCO. — H. CHATAIGNE.
Noms étr. — Ital. F. Praga. — F. pisello rosso.

Tiges de 2 mètres au moins; feuille généralement lisse, pointue et blondissante; fleur à étendard lilas, la carène lilas clair; cosse droite, terminée par un éperon très long, effilé, droit; largement marbrée de rouge sur fond vert pâle passant au jaune à la maturité, longue de 0m,13 à 0m,15, large de 0m,016 1/2 à 0m,019, épaisse de 0m,012 à 0m,014, à demi sans parchemin, au nombre de 15 à 16 par pied, contenant 4 à 5 grains, rarement 6. Grain à fond de couleur blanc rosé marbré de rouge, presque ovoïde, long de 0m,014, large de 0m,010, épais de 0m,009, au nombre de 1240 par litre. Maturité 160 jours après le semis.

Ce haricot, très répandu aux environs de Paris, est surtout estimé pour manger en sec; il a la peau un peu épaisse, mais il est très farineux, d'une pâte sèche analogue à celle de la Châtaigne.

HARICOT
DE PRAGUE, BICOLORE.

Syn. — H. COCO BICOLORE. — H. A LA REINE.
Noms étr. — **Ital.** F. Praga bicolore.

Tige de 2^m,50 ; feuille généralement lisse, pointue, blondissante ; fleurs à étendard lilas, à ailes et carène blanc rosé ; cosse arquée, sans parchemin mais pas très tendre, de couleur vert clair devenant blanc verdâtre lavé de rose pâle, longue de 0^m,12 1/2 à 0^m,13 1/2, large de 0^m,016 à 0^m,017 1/2, au nombre de 8 à 12 par pied, contenant de 6 à 7 grains. Grain ovoïde, panaché par moitié dans le sens longitudinal de rouge foncé du côté de l'ombilic, et ponctué de rouge du côté opposé, long de 0^m,017, large de 0^m,010, épais de 0^m,009, au nombre de 1500 par litre. Maturité tardive, 140 jours après le semis.

HARICOT
PRAGUE ROUGE.

Syn. — H. COCO ROUGE. — POIS ROUGE.
Noms étr. — ....

Tige de 2^m à 2^m,50 ; feuille blonde ovale, pointue, élargie à la base ; fleur lilacée ; cosse légèrement arquée, terminée par un éperon assez long ; assez fortement marquée par la saillie des grains, de couleur vert clair, très légèrement veinée de rouge pâle, longue de 0^m,13 à 0^m,15, large de 0^m,016 1/2 à 0^m,019, épaisse de 0^m,012 à 0^m,014, à demi sans parchemin, au nombre de 15 à 20 par pied, contenant de 5 à 6 grains. Grain presque ovoïde un peu aplati, de couleur rouge violacé, long de 0^m,012 à 0^m,013, large de 0^m,010 à 0^m,11, épais de 0^m,008 à 0^m,010 ; au nombre de 1500 par litre.

HARICOT
SOPHIE.

Syn. — ....
Noms étr. — **Ital.** F. Sofia.

Tige de 2 mètres et plus ; feuille généralement lisse, pointue, blondissante ; fleur blanche, étendard blanc jaunâtre ; cosse vert clair, passant au jaune blanchâtre à la maturité, droite ou légèrement arquée, longue de 0m,12 à 0m,13, large de 0m,014 à 0m,015 1/2, épaisse de 0m,011 1/2 à 0m,012, à demi sans parchemin, marquée, par la forme des grains, de saillies peu considérables, contenant de 5 à 7 grains; au nombre de 21 à 25 par pied. Grain blanc jaunâtre, dont la peau est remarquablement veinée, de forme presque ronde, long de 0m,011, large de 0m,010, épais de 0m,008 ; au nombre de 1390 par litre. Maturité de quelques jours plus tardive que celle du Prague rouge.

Ce haricot se distingue du H. princesse par son grain veiné, moins blanc, plus gros, par ses cosses plus longues et plus larges, par sa maturité moins précoce. Son grain n'est pas toujours de très bonne qualité ; il a la peau dure ; au contraire, les cosses employées à grosseur comme les mange-tout, sont de bonne qualité.

HARICOT
DE VILLETANEUSE.

Syn. — ....

Noms étr. — ....

Tige de 1m,50 à 2m; feuilles très grandes, notablement arrondies, assez cloquées ; fleurs blanches; cosse verte; sensiblement marquée par la saillie des grains, devenant à la maturité jaune très clair, panachée de rose, longue de 0m,15, large de 0m,13 à 0m,13 1/2, épaisse de 0m,12 au nombre de 15 à 17 par pied, sans parchemin, contenant 5 à 6 grains couleur de café au lait marbré et fouetté de brun, assez remarquablement anguleux, aplati, long de 0m,013, large de 0m,009, épais de 0m,006, au nombre de 2270 par litre. Maturité tardive, 160 jours après le semis, à peu près comme le H. Prédomme.

Cette variété, cultivée aux environs de Paris est estimée pour son grand produit.

HARICOT
LAFAYETTE.

Syn. — ....

Noms étr. — ....

Tige de 2 mètres et plus ; feuille grande, élargie, très cloquée; fleur blanche; cosse vert clair devenant jaune à la maturité, droite, longue de 0m,20 à 0m,25, large de 0m,020 à 0m,026, épaisse de 0m,012, grains très marqués, disposés par trochets au nombre de 8 à 13 par pied, contenant 6 à 7, quelquefois 8 grains, à demi sans parchemin, comme le H. sabre à rames ; grain à fond de couleur fauve jaspé de brun clair et nuancé de brun rougeâtre autour de l'ombilic, réniforme, long de 0m,019, large de 0m,010, épais de 0m,005, au nombre de 1380 par litre. Maturité tardive, précédant un peu celle du H. de Soissons.

Cette variété, signalée en 1844 par M. Élisée Lefèvre, est très productive et le grain est de bonne qualité.

3° HARICOTS NAINS OU A PIED.

Syn. — ....

Noms étr.—Angl. Dwarf Beans.—All. Zwerg-oder Busch-Bohne.

a. ESPÈCES A PARCHEMIN.

HARICOT

DE SOISSONS NAIN.

Syn. — H. GROS PIED.

Noms étr. — Ital. F. nano di Soissons.

Tige de 0m,50 à 0m,70; feuille large; fleur blanche; cosse très droite, verte, devenant jaune à la maturité, légèrement marquée par la saillie des grains, longue de 0m,13 à 0m,14, large de 0m,015 à 0m,016, épaisse de 0m,010 à 0m,011, au nombre de 18 à 23 par pied, contenant 5 et 6 grains. Grain blanc, marqué d'une tache jaunâtre sur l'un des côtés du grain contigu à l'ombilic, réniforme, légèrement contourné et irrégulier, long de 0m,016, large de 0m,010, épais de 0m,007, au nombre de 1430 par litre.

Cette variété est excellente à manger en grain sec et très productive.

HARICOT

NAIN HATIF DE HOLLANDE.

Syn. — ....

Noms étr.—Angl. (ÉTATS-UNIS). K. B. extra early Holland dwarf white.— Ital. F. nano precoce d'Olanda.

Tige de 0m,30 à 0m,35; feuilles petites; fleurs blanches; cosse légèrement arquée, verte, devenant jaune à la maturité, légèrement marquée par la saillie des grains, longue de 0m,13 à 0m,15, large de 0m,011 à 0m,012, épaisse de 0m,009 à 0m,010, au nombre de 15 à 18 par pied, contenant 4 et 5 grains. Grain blanc, légèrement réniforme, plus court que dans le flageolet, souvent un peu tronqué, long de 0m,013, large de 0m,008, épais de 0m,005, au nombre de 2350 par litre. Maturité très hâtive, 110 jours après le semis.

Ce haricot, l'un des plus précoces, réunit toutes les qualités du flageolet, dont il n'est du reste qu'une sous-variété ; c'est celui qu'on emploie presque exclusivement pour la culture forcée.

HARICOT

FLAGEOLET.

Syn. — H. nain hâtif de Laon.

Noms étr. — **Ital.** F. Fagiuoletto.

Tige de 0m,30 à 0m,35, assez forte ; feuilles petites ; fleurs blanches ; cosse légèrement arquée, verte, devenant jaune à la maturité, légèrement marquée par la saillie des grains, longue de 0m,14 à 0m,15, large de 0m,0115, épaisse de 0m,0085, au nombre de 24 à 30 par pied, contenant 4 à 6 grains. Grain blanc, légèrement réniforme, long de 0m,020, large de 0m,007, épais de 0m,005, au nombre de 2150 par litre. Maturité hâtive, 125 jours après le semis.

Cette variété est également bonne à manger en cosse, en grains frais écossés et en sec ; elle se recommande aussi par son produit et par sa précocité.

HARICOT

FLAGEOLET A GRAIN VERT.

Syn. — ....

Noms étr. — ....

Sous-variété dont le grain conserve une couleur verte, même à sa maturité, et qui est très estimée à Paris pour être mangée en grains frais écossés ou pour la fabrication des conserves.

HARICOT

FLAGEOLET JAUNE.

Syn. — ....

Noms étr. — ....

Tige de 0m,40 à 0m,45 ; feuille grande, allongée, aiguë, assez finement cloquée, très blonde ; fleur à étendard blanc lilacé, à ailes et carène blanches ; cosse légèrement arquée, peu marquée par la saillie des grains, longue de 0m,15, large de 0m,011 à 0m,012, épaisse de 0m,010, au nombre de 10 à 12 par pied, contenant 5 et 6 grains. Grain jaune fauve marqué d'un léger cercle brun autour de l'ombilic, long de 0m,015, large de 0m,008, épais de 0m,006, au nombre de 2200 par litre. Maturité très précoce, environ 95 jours après le semis.

Cette variété est peu répandue, malgré qu'elle soit remarquable par sa précocité.

HARICOT

FLAGEOLET ROUGE.

Syn. — ....

Noms étr. — ....

Tige de 1 mètre ; feuille très petite, vert foncé ; fleur à étendard lilas jaunâtre, à ailes et carène lilas pâle ; cosse arquée, verte, devenant jaune clair ou blanc jaunâtre à la maturité, longue de 0m,16 à 0m,19, large de 0m,014 à 0m,016, épaisse de 0m,011, au nombre de 14 à 25 par pied, contenant 5 et 6 grains. Grain droit ou légèrement réniforme, presque cylindrique, rouge de sang, long de 0m,019, large de 0m,009, épais de 0m,006, au nombre de 800 par litre. Maturité tardive.

Ce haricot, qui ne paraît avoir de commun avec le H. flageolet que la forme de son grain, est d'un produit très abondant ; il est très bon en vert.

HARICOT

NOIR DE BELGIQUE.

Syn. — ...

Noms étr. — ....

Tige de 0m,35 à 0m,40 ; feuille allongée, finement cloquée ; fleur lilas, couleur un peu nuancée de violet sur l'étendard ; cosse droite, légèrement marquée par la saillie des grains, remarquable par la longueur de l'éperon, d'un vert un peu pâle, légèrement panachée de violet pâle, devenant jaune à la maturité, longue de 0m,14 à 0m,15, large de 0m,011 à 0m,012, épaisse de 0m,0095, au nombre de 15 à 22 par pied, contenant 5 à 6 grains. Grain noir, long de 0m,014, large de 0m,008, épais de 0m,006, au nombre de 3030 par litre. Maturité très précoce, environ 100 jours après le semis.

Ce haricot est remarquable par sa petite taille et par son produit eu égard à sa précocité, et il aurait été avec avantage adopté pour la culture forcée si sa cosse, qui est d'un vert trop pâle et marbré d'une couleur violette que la cuisson développe, ne lui donnait un désavantage sur les marchés comparativement avec le nain de Hollande.

HARICOT
DE CHARTRES.

Syn. — H. ROUGE D'ORLÉANS.

Noms étr. — **Angl.** (ÉTATS-UNIS). K. B. red Orleans. — **Ital.** F. Rosso d'Orléans.

Tige de 1m,40 à 1m,60, très ramifiée ; feuille moyenne, courte, aiguë, finement cloquée, vert foncé ; fleur blanche ; cosse légèrement arquée, assez fortement marquée par la saillie des grains, longue d'environ 0m,11, large de 0m,013 épaisse de 0m,01, au nombre de 10 à 12 par pied, contenant 5 à 6 grains. Grain rouge brun, plus foncé sur le côté de l'ombilic, presque carré aux extrémités, long de 0m,0125, large de 0m,009, au nombre de 2210 par litre. Maturité hâtive.

Cette variété est très répandue dans le centre de la France, et réputée pour manger à l'étuvée.

HARICOT
DE LA CHINE.

Syn. — ....

Noms étr. — **Angl.** (ÉTATS-UNIS) K. B. early dwarf yellow China. — **Ital.** F. della China.

Tige de 0m,35 à 0m,40 ; feuille grande, un peu allongée, aiguë, passablement cloquée, vert foncé ; fleur blanche ; cosse droite, légèrement marquée par la saillie des grains, verte, devenant jaune à la maturité, longue de 0m,12 à 0m,14, large de 0m,014 à 0m,016, épaisse de 0m,011 à 0m,013, au nombre de 24 à 28 par pied, contenant 5 à 6 grains, rarement 7. Grain jaune soufre, ovoïde, long de 0m,012, large de 0m,009, épais de 0m,008, au nombre de 1800 par litre. Maturité demi-hâtive, 125 jours environ après le semis.

Cette variété a le mérite de charger beaucoup ; son grain est très bon écossé frais et en sec.

DESCRIPTION

HARICOT
DE LA CHINE, BICOLORE.

Syn. — ....

Noms étr. — ....

Tige haute de 0m,45 à 0m,50 ; feuille grande, un peu allongée, cloquée, moins que dans le H. de la Chine ordinaire ; fleur blanche ; cosse droite, légèrement marquée par la saillie des grains, verte, devenant blanc jaunâtre à la maturité, longue de 0m,14 à 0m,15, large de 0m,014, épaisse de 0m,011 à 0m,012, au nombre de 12 à 16 par pied, contenant 5 et 6 grains. Grain blanc panaché et fouetté de rouge brun sur la moitié du grain, dans le sens longitudinal et du côté de l'ombilic ; long de 0m,015, large de 0m,0095, épais de 0,008 ; au nombre de 1610 par litre. Maturité très hâtive, environ 105 jours après le semis.

Cette variété est remarquable par sa précocité.

HARICOT
RIZ.

Syn. — ....

Noms étr. — Ital. F. Riso.

Tige de 0m,50 à 0m,60, très forte, feuille de dimension moyenne, vert blond ; fleur blanche ; cosse presque droite, verte, devenant jaune à la maturité, légèrement marquée par la saillie des grains, longue de 0m,080 à 0m,090, large de 0m,010. à 0m,011, épaisse de 0m,008 à 0m,009, au nombre de 28 à 30 par pied, contenant 5 à 6 graines. Grain blanc jaunâtre, glacé, transparent, presque ovoïde, long de 0m,009, large de 0m,0065, épais de 0m,0045, au nombre de 5600 par litre. Maturité très tardive, 150 jours après le semis.

Cette variété a le grain d'une saveur et d'une qualité particulière, il est un peu croquant et dur sous la dent, assez estimé, du reste, de quelques personnes qui le trouvent excellent. Il est bon en vert et surtout en grains frais écossés. Il a l'inconvénient de se tacher dans les automnes pluvieux où sa maturité se fait imparfaitement.

Il en existe plusieurs sous-variétés qui diffèrent par la hauteur des tiges et par la dimension du grain. La variété que nous avons décrite est celle qui a le plus ordinairement cours à la halle de Paris.

HARICOT
SUISSE ROUGE.

Syn. — ....

Noms étr. — **Ital.** F. Svizzero rosso.

Tige de 0m,45 à 0m,50 ; feuille grande, finement cloquée, vert foncé ; fleur à étendard lilas rougeâtre, à ailes et carène lilas pâle ; cosse droite, légèrement marquée par la saillie des grains, vert panaché de rose, devenant jaune panaché de rose et de rouge à la maturité, longue de 0m,15 à 0m,16, large de 0m,0125 à 0m,0130, épaisse de 0m,0105, au nombre de 15 à 23 par pied, contenant 5 et 6 grains. Grain droit, rouge brique marbré de rouge brun plus ou moins foncé, souvent carré à l'une des extrémités, long de 0m,018, large de 0m,008, épais de 0m,006, au nombre de 1000 par litre. Maturité demi-hâtive, environ 125 jours après le semis.

Cette variété comme toutes celles de la section des Suisses est rustique et productive, mais sujette à filer ; les grains peuvent être mangés frais ou secs.

HARICOT
SUISSE BLANC.

Syn. — ....

Noms étr. — **Ital.** F. Svizzero bianco.

Tige de 0m,45 à 0m,50, forte ; feuille grande, cloquée, vert foncé ; fleur blanche ; cosse droite, légèrement marquée par la saillie des grains, verte, devenant jaune à la maturité, longue de 0m,14 à 0m,15, large de 0m,012 à 0m,013, épaisse de 0m,010 à 0m,011, au nombre de 20 à 25 par pied, contenant 5 et 6 grains. Grain droit, quelquefois carré à l'une des extrémités, blanc, long de 0m,018, large de 0m,008, épais de 0m,006, au nombre de 1680 par litre. Maturité demi-tardive.

HARICOT
SUISSE, VENTRE DE BICHE.

Syn. — ....

Noms étr. — ....

Tige de 0m,50 ; feuille grande, finement cloquée, vert foncé ; fleur lilas ; cosse droite, légèrement marquée par la saillie des grains, vert panaché de violet grisâtre, devenant jaunâtre plus ou moins panaché de violet à la maturité, longue de 0^m,15 à 0^m,16, large de 0^m,0115 à 0^m,012, épaisse de 0^m,010 à 0^m,011, au nombre de 13 à 18 par pied, contenant 5 grains. Grain droit, souvent carré à l'une des extrémités, couleur ventre de biche, marqué d'un cercle brun autour de l'ombilic, long de 0^m,018, large de 0^m,009, épais de 0^m,007, au nombre de .... par litre. Maturité demi-hâtive, environ 120 jours après le semis.

Cette variété est de très bonne qualité en sec.

HARICOT
BAGNOLET.

Syn. — H. Suisse gris.

Noms étr. — **Angl.** K. B. black speckled. — **Ital.** F. Svizzero grigio.

Tige d'environ 0^m,45 à 0^m,50 ; feuille grande, régulièrement cloquée, vert foncé ; fleur lilas foncé ; cosse droite, verte ou jaune verdâtre, suivant la maturité, et panachée de violet, longue de 0^m,16, large de 0^m,0125 à 0^m,013, épaisse de 0^m,0105, au nombre de 18 à 24 par pied, contenant 4 et 6 grains. Grain droit, à fond noir, violacé, marbré de fauve, long de 0^m,018 à 0^m,019, large de 0^m,007, épais de 0^m,006, au nombre de 1750 par litre. Maturité demi-tardive ; environ 125 jours après le semis.

Cette variété est une des meilleures pour manger en vert ; elle est remarquable par l'abondance de son produit que l'on peut prolonger si l'on a soin de cueillir les cosses encore jeunes, et avant que les grains soient formés ; c'est l'une de celles qui alimentent le plus communément les marchés de Paris pour l'usage indiqué plus haut.

HARICOT
SOLITAIRE.

Syn. — H. ze - fin.

Noms étr. — ....

Tige de 0^m,50 ; feuille grande mais plus petite que celle du Bagnolet, cloquée régulièrement, vert foncé ; fleur lilas pâle ; cosse droite, légèrement marquée par la saillie des grains, vert ou vert jaunâtre, suivant le degré de maturité, et panachée de violet, du reste peu sensiblement différente de celle du Bagnolet, longue de 0^m,16 à 0m,17, large de 0m,0115, épaisse de 0m,009, au nombre de 16 à 18 par pied, contenant 4 et 6 grains. Grain de couleur fond noir violacé, panaché de fauve, droit, long de 0m,016, large de 0m,006, épais de 0m,006, au nombre de 2050 par litre. Maturité demi-tardive, environ 130 jours après le semis.

Ce haricot est une sous-variété du Bagnolet; il se ramifie peut-être davantage, ce qui permettrait d'en semer un seul grain à la touffe, et ce qui lui aura sans doute valu le nom de H. solitaire ; il nous a paru être de quelques jours plus tardif que le Bagnolet; il a du reste toutes les qualités de ce dernier.

HARICOT
PLEIN, DE LA FLÈCHE.

Syn. — ....

Noms étr. — ....

Tige de 0m,60 ; feuille très allongée, finement cloquée, vert foncé ; fleur lilas pâle ; cosse droite, peu marquée par la saillie des grains, jaune verdâtre, finemen panachée de violet foncé à la maturité, longue de 0m,13 à 0m,15, large de 0m,0105 à 0m,011, épaisse de 0m,0085, au nombre de 15 à 25 par pied, contenant de 4 à 6 grains. Grain droit, à fond rouge brun, piqueté et marbré de fauve, long de 0m,014, large de 0m,007, épais de 0m,006, au nombre de 2200 par litre. Maturité demi-tardive, environ 125 jours après le semis.

Cette variété, qui appartient à la section des H. Suisses, produit abondamment des cosses fines, propres à être mangées en vert, son produit est très prolongé et peut être plus abondant que celui du H. Bagnolet.

HARICOT
MOHAWK.

Syn. — ....

Noms étr. — **Angl.** (ÉTATS-UNIS). K. B. early Mohawk.

Tige haute de 0m,50 ; feuille grande; fleur à étendard lilas jaunâtre, à ailes et carène lilas ; cosse droite, peu marquée par la saillie des grains, verte panachée de violet, longue de 0m,17 à 0m,19, large de 0m,013 à 0m,0135, épaisse de 0m,010, au nombre de 28 à 35 par pied, contenant 5 et 6 grains. Grain droit, à fond de couleur chocolat, marbré de jaune fauve, long de 0m,018, large de 0m,008, épais de 0^m,006, au nombre de 1540 par litre. Maturité tardive, 150 jours environ après le semis.

Cette variété, qui appartient à la section des H. Suisses, est très bonne à manger en cosse verte, et remarquable par son produit. Elle est très cultivée aux États-Unis d'où nous l'avons reçue.

HARICOT

A L'AIGLE.

Syn. — H. Saint-Esprit. — H. a la Religieuse.

Noms étr. — ....

Tige de 0^m,50 ; feuille grande, finement cloquée, couleur vert assez foncé ; fleur blanche ; cosse droite, peu marquée par la saillie des grains, verte ou jaune clair panaché de violet, longue de 0^m,15, large de 0^m,014 à 0^m,015, épaisse de de 0^m,010, au nombre de 18 à 25 par pied, contenant 4 et 5 grains. Grain réniforme, blanc, marqué du côté de l'ombilic d'une panachure qui affecte quelquefois la forme d'un aigle, et du côté opposé d'une bande noire qui se prolonge jusqu'à la base de l'arête dorsale, long de 0^m,018, large de 0^m,008, épais de 0^m,006, au nombre de 1600 par litre. Maturité demi-hâtive, 120 jours environ après le semis.

---

b HARICOTS NAINS SANS PARCHEMIN.

HARICOT

NAIN BLANC SANS PARCHEMIN.

Syn. — ....

Noms étr. — ....

Tige de 0^m,5 à 0^m,6 ; feuille de dimension moyenne, assez cloquée ; fleur blanche ; cosse arquée ou contournée, verte, devenant jaune à la maturité, sans parchemin, très marquée par la saillie des grains, longue de 0^{m}15 à 0^m,17, large de 0^m,014 à 0^m,016, épaisse de 0^m,012, au nombre de 8 à 14 par pied, contenant 6 à 7 grains. Grain blanc, de forme assez variable, communément réniforme, long de 0^m,013, large de 0^m,007, épais de 0^m,005, au nombre de 2040 par litre. Maturité demi-hâtive, 120 jours après le semis.

Cette variété est répandue et estimée en Lorraine.

HARICOT

SABRE NAIN.

Syn. — ....

Noms étr. — **Ital.** F. Sciabola nana.

Tige de 0m,50 à 0m,60; feuille très large, cloquée, arrondie, fleur blanche; cosse très peu arquée, quelquefois contournée, très grande, verte, marquée par la saillie des grains, sans parchemin, mais pas très tendre, longue de 0m,18 à 0m,20, large de 0m,020 à 0m,025, épaisse de 0m,012, au nombre de 6 à 8 par pied, contenant de 6 à 8 grains. Grain blanc, réniforme, contourné, irrégulier et souvent bossué, long de 0m,016, large de 0m,010, épais de 0m,005, au nombre de 1320 par litre, Maturité demi-tardive, 125 jours environ après le semis.

Ce haricot a le grain fin, presque dépourvu d'écorce; sa cosse est assez bonne sans pouvoir être comparée pour la qualité à celle de nos meilleurs H. sans parchemin, mais il a l'inconvénient d'être délicat et son grain se tache dans les automnes humides, à cause de la longueur des cosses qui traînent ordinairement jusqu'à terre.

HARICOT

DE PRAGUE MARBRÉ NAIN.

Syn. — H. BAUDIN.

Noms étr. — ....

Tige de 0m,45 à 0m,50; feuille large, d'un vert assez blond; fleurs à étendard lilas verdâtre, à ailes et carène d'un blanc rosé; cosse droite, légèrement marquée par la saillie des grains, verte, devenant jaunâtre panaché de rouge à la maturité, longue de 0m,12 à 0m,13, large de 0m,015 à 0m,017, épaisse de 0m,012 à 0m,013, à demi sans parchemin, au nombre de 18 à 25 par pied, contenant 4 à 5 grains. Grain à fond blanc rosé marbré de rouge vineux, presque ovoïde, long de 0m,014, large de 0m,010, épais de 0m,008, au nombre de 1700 par litre. Maturité demi-tardive, environ 125 jours après le semis.

Cette variété est très productive et réunit toutes les qualités de celui à rames.

HARICOT

PRINCESSE NAIN.

Syn. — ....

Noms étr. — ....

Tige de 0m,40 à 0m,50; feuille assez petite, un peu cloquée, d'un vert blond, hérissée de quelques poils rudes; fleur blanche; cosse légèrement arquée, verte, devenant jaune à la maturité, assez fortement marquée par la saillie des grains, sans parchemin, longue de 0m,11 à 0m,12, large de 0m,0115, épaisse de 0m,009 à 0m,0095, au nombre de ...... par pied, contenant généralement 6 grains. Grain blanc, ovale arrondi, à ombilic quelquefois proéminent, long de 0m,011, large de 0m,008 à 0m,009, épais de 0m,007 à 0m,008, au nombre de 3000 par litre. Maturité tardive, 160 jours après le semis.

Cette variété est très estimée et cultivée en Hollande, elle nous a paru ordinairement délicate pour notre climat.

HARICOT

JAUNE DE CANADA.

Syn. — ....

Noms étr. — **Ital.** F. Giallo di Canadà.

Tige de 0m,40 à 0m,45; feuille très élargie, grande, cloquée, vert blond; fleur à étendard lilas, à ailes et carène lilas pâle; cosse verte, devenant jaune à la maturité, droite, légèrement marquée par la saillie des grains, à demi sans parchemin, longue de 0m,11 à 0m,12, large de 0m,014 à 0m,018, épaisse de 0m,014 à 0m,0145, au nombre de 15 à 18 par pied, contenant 5 et 6 grains. Grain obrond, jaune nankin, marqué d'un cercle rouge autour de l'ombilic, long de 0m,007, large de 0m,010, épais de 0m,008, au nombre de 1740 par litre. Maturité assez hâtive, 120 jours après le semis.

Cette variété qui est assez répandue, est plus estimée pour la qualité de son grain que pour celle de sa cosse qui n'est pas très tendre.

3° HARICOT

D'ESPAGNE.

Syn. — H. ÉCARLATE.

Noms étr. — **Angl.** B. scarlet Runners. — **All.** B. grosse bunte rothblühende Türken. — **Ital.** F. di Spagna.

Phaseolus multiflorus.

Tige de 3 mètres et plus, légèrement pubescente ainsi que la feuille qui est d'un vert foncé; fleur à étendard écarlate, à ailes et carène roses, bractées appliquées; cosses disposées en grappes comme les fleurs, velues dans leur jeunesse, devenant rugueuses, vertes, puis jaunâtre plus ou moins lavé de violet sombre, presque droites, à éperon court, longues de $0^m,15$ à $0^m,17$, larges de $0^m,020$ à $0^m,022$, épaisses de $0^m,014$ à $0^m,015$, au nombre de ...... par pied, contenant 3 à 5 grains. Grain rose vineux, largement marbré de brun, long de $0^m,022$, large de $0^m,013$, épais de $0^m,009$, au nombre de 540 par litre. Maturité très tardive.

Le H. d'Espagne est une espèce botanique dont la racine est vivace, et pourrait, avec quelques soins, être conservée dans nos jardins si cette culture offrait quelque avantage. Il est très productif, mais il a l'inconvénient d'être très tardif à mûrir son grain; celui-ci est d'un goût peu agréable et n'est pas très farineux.

HARICOT

D'ESPAGNE BICOLOR.

Syn. — ....

Noms étr. — **Angl.** K. B. painted Lady Runners. — **All.** B. grosse bunte zweifarbig-blühende Türken.

Sous-variété du H. d'Espagne ordinaire, qui en diffère par la couleur de sa fleur, dans laquelle l'étendard est écarlate, la carène et les ailes sont blanches. Le grain en diffère aussi par sa couleur qui a le fond plus pâle et les panachures d'un rouge moins obscur.

HARICOT
D'ESPAGNE BLANC.

Syn. — ....

Noms étr. — **Angl.** K. B. white Dutch Runners. — **All.** B. grosse weisse weissblühende Türken.

Sous-variété du H. d'Espagne ordinaire à fleur blanche et à grain blanc très renflé ; celui-ci est d'une assez bonne qualité, farineux, et on le consomme dans beaucoup de localités quoiqu'il ait la peau un peu dure.

HARICOT
D'ESPAGNE HYBRIDE.

Sous-variété très peu constante, à grain variant pour le fond du rose vineux au jaunâtre, à taches brunes assez rares.

4° HARICOT
DE LIMA.

Syn. — ....

Noms étr. — **Angl.** (ÉTATS-UNIS). B. large-Lima. — **Ital.** F. di Lima.

Phaseolus lunatus.

Tige de 3 à 4 mètres ; feuille lancéolée, acuminée, de contexture e d'apparence particulières, lisse et luisante ; fleur très petite, à étendard jaune verdâtre, à ailes et à carène jaunes ; cosse rugueuse, verte, longue de $0^m,065$, large de $0^m,022$ à $0^m,023$, au nombre de 50 et plus par pied, contenant 2 à 3 grains; celui-ci est jaune verdâtre veiné, en forme de rognon raccourci, long de $0^m,019$, large de $0^m,013$, épais de $0^m,007$; au nombre de 810 par litre. Maturité très tardive.

Ce haricot appartient à une espèce botanique bien tranchée ; il est remarquable par la qualité farineuse de son grain, et très estimé aux États-Unis ainsi que dans une partie des colonies indiennes et américaines ; il est très productif mais il est un peu tardif pour notre climat.

HARICOT
DE SIEVA.

Syn.—....

Noms étr. — **Angl. Amér.** — B. Carolina-Sieva. — B. Saba. — B. Small-Lima.

Phaseolus lunatus. Var.

Tige de 3 à 4 mètres ; feuille lancéolée, acuminée, de contexture et d'apparence particulières, lisse et luisante ; fleur très petite, à étendard jaune verdâtre, à ailes et à carène jaunes ; cosse rugueuse, verte, longue de 0^m,085, large de 0^m,021, épaisse de 0^m,009, au nombre de 50 et plus par pied, contenant 2 et 3 grains. Grain blanc jaunâtre veiné, en forme de rognon, raccourci, très plat, long de 0^m,016, large de 0^m,011, épais de 0^m,006, au nombre de 1760 par litre.

Ce haricot, sous-variété du H. de Lima lui est inférieure en qualité, mais il est plus hâtif et d'une réussite plus assurée.

HARICOTS DIVERS
a. ESPÈCES A RAMES.

D'Espagne noir. Grain très gros, noir ; participe des autres haricots de la même espèce; curieux par la couleur de son grain. A rames.

Soissons jaune. Grain de la forme et de la grosseur du Soissons à rame, d'une couleur jaune aurore, assez productif, tardif. A rames.

Blanc sans parchemin à rames de Metz. Grain blanc, de la grosseur et de la forme du Soissons nain, paraissant assez productif.

Rond blanc sans parchemin. Grain blanc de crème, presque ovoïde, voisin du H. Sophie, sans parchemin, très tardif, paraît extrêmement productif, nous avons compté 60 cosses par pied et 6 à 7 grains par cosse.

Nègre, 1853. Grain noir, petit, à demi rame, très tardif, assez productif.

Beurre blanc à rames, 1853. Cosse large, sans parchemin, blanc jaunâtre très clair, renfermant 5 à 6 grains blancs, de forme ovale, un peu aplatie. Cette variété est recommandable par l'abondance de son produit et par sa précocité, les cosses peuvent se manger bien après que les grains sont formés.

Coco rose. Variété du H. de Prague, à rames, à grain blanc de crème marbré et veiné de rose, ovale, arrondi, à ombilic saillant, entouré d'un cercle jaune. Cette espèce est très recherchée pour manger en vert et en sec.

Blanc de la Chine. Grain blanc, obrond, à rames ; assez bonne variété productive.

Saccotash, 1853. Très gros grain blanc, ovoïde, genre du Sophie, paraît productif, hâtif, se recommande par la beauté de son grain. A rames.

Quails head Pole, 1853. Sans parchemin, cosse très large, contenant 6 à 7 grains réniformes, très larges, aplatis, fortement zébrés de jaune doré, à cercle brun rougeâtre autour de l'ombilic. Maturité demi-tardive. A rames.

b. ESPÈCES NAINES.

Suisse rose, 1853. Grain droit, oblong, rose rougeâtre clair, ombilic entouré d'un cercle brun ; très productif, demi-hâtif.

Nain blanc tardif en arbre, 1853. Grain blanc sale, allongé, droit, sans parchemin ; paraît très productif ; tardif.

Tardif deux à la touffe, 1853. Paraît identique au blanc tardif en arbre. Nain.

Sans parchemin normand, 1853. Petit grain, jaune fauve veiné, marqué d'un cercle brun autour de l'ombilic ; demi-hâtif ; paraît assez productif. Nain.

Feuilly. Très voisin du Soissons nain, s'il n'est identique à celui-ci.

Prédomme nain chamois. Identique au H. *sans parchemin normand*.

Du pape. Grain très voisin du H. de la Chine, peut-être un peu plus pâle et un peu moins rond, droit, allongé, jaune rougeâtre marbré de brun, du genre des H. Suisses ; très hâtif et productif. Nain.

Jésus, 1853. Grain réniforme, marqué d'une large tache rouge brun autour de l'ombilic et fond blanc tiqueté de brun sur le reste du grain ; tardif ; paraît assez productif. Nain.

Negro, 1853. Grain très noir, droit, allongé dans le genre des H. Suisses, paraît assez productif, tardif. Nain.

Cent pour un, 1853. Grain jaune café au lait, marbré de brun clair, et marqué d'un cercle brun foncé autour de l'ombilic ; paraît très productif, tardif. Nain.

De Turquie nain. Grain long, droit, carré aux extrémités, blanc jaunâtre, veiné marbré de rose violacé, marqué d'un cercle jaune autour de l'ombilic. Ce H. est surtout recommandable pour être mangé en grain sec, il est demi-hâtif, très productif.

Refugee ou **Thousand to one**, 1853. Grain petit, déprimé, violet foncé, marbré de fauve, à cosse sans parchemin ; très productif, très tardif ; l'un des plus répandus aux États-Unis d'où nous l'avons reçu. Nain.

Valentine, 1853. Grain droit, oblong, à fond rose, marbré de fauve, quelquefois bossué ou anguleux, ombilic entouré de brun clair ; très productif, hâtif. Cette variété appartient à la section des H. Suisses, et paraît très voisine du H. *red spekled snap*. Nain.

Dumush colored dwarf. Grain droit, oblong, d'un brun verdâtre sombre, ombilic entouré d'un cercle plus foncé, très productif, demi-hâtif; cosse très longue, contenant 6 à 7 grains. Appartient à la section des H. Suisses. Nain.

Half moon dwarf, 1853. Grain droit, de la section des H. Suisses; blanc transparent, marqué comme dans le haricot à l'Aigle, d'une figure rouge brique qui se prolonge en entourant l'ombilic et occupe toute la ligne ombilicale, paraît assez productif, demi-tardif. Nain.

Rachel six weeks, 1853. Grain légèrement réniforme, chamois foncé, panaché de blanc vers la partie dorsale, très hâtif, assez productif, section des H. Suisses. Cette espèce est assez curieuse par sa couleur, et se distingue de toutes les autres en ce qu'elle présente une petite ligne blanche de chaque côté de l'ombilic. Nain.

Red speckled snap. Grain panaché de fauve et de rouge brun pâle, paraît très productif, assez hâtif.

---

1. **Haricot rond blanc commun**. La variété qui a cours dans le commerce sous ce nom nous paraît dégénérée, attendu que dans l'origine, elle était naine, et que maintenant elle exige des rames; le grain est blanc, de grosseur moyenne, presque rond, un peu déprimé. Ce haricot est rustique, productif, mais son grain est de qualité très médiocre, et il tend, de plus en plus, à disparaître du marché.

2. **Nain blanc d'Amérique**. Variété excellente de mange-tout, à tige naine, excellente en vert et pour faire des conserves, mais un peu tardive et qui nous a toujours paru un peu délicate. La cosse se colore de violet à la maturité, le grain est blanc jaunâtre, presque cylindrique, oblong et assez petit.

3. **Beurre nain**, 1854. Tiges très naines, cosse verte devenant jaune-clair à l'approche de la maturité, sans parchemin, grain blanc, renflé, assez gros, de forme un peu irrégulière. Cette variété encore récente est hâtive, et paraît très productive. Elle n'a d'autre rapport avec le H. beurre d'Alger que la couleur de sa cosse.

4. **Comtesse de Chambord**, 1853. Tiges naines, cosses à parchemin, grain petit, blanc jaunâtre, transparent comme celui du H. riz. Cette variété paraît produire passablement, mais elle est tardive.

5. **Coco blanc de Celles-sur-Cher**, 1853. Tiges fortes à rames, cosses à parchemin, beau grain blanc, épais et court, un peu irrégulier; maturité tardive. Il paraît que cette variété est productive, et elle est apportée quelques fois en assez grande abondance sur le marché de Paris.

NOTA. — Les variétés de Haricots que nous omettons de mentionner sont très nombreuses; beaucoup d'autres que celles que nous avons décrites ont été essayées par nous et négligées lorsqu'elles ne nous ont pas présenté une supériorité marquée sur les variétés qui composent notre collection; nous nous sommes bornés à mentionner, en dehors de notre collection, celles qui sont le plus communément apportées sur le marché de Paris, et parmi les variétés étrangères, toutes celles que nous avons eu, jusqu'à présent, l'occasion de cultiver.

DOLIQUE

ASPERGE.

Syn. — ...,

Noms étr. — **Ital.** F. Sparagio.

Dolichos sesquipedalis. — Fam. des **Légumineuses.**

De l'Inde et de l'Amérique équatoriale. Tige haute de 2 et 3 mètres, glabre; feuille grande, ovale, lancéolée, pointue, élargie à la base, d'un vert luisant: fleur grande, jaune verdâtre, à étendard replié, remarquable par deux oreillettes parallèles qui compriment les ailes et la carène, au nombre de 2 au plus au sommet du pédoncule; cosse pendante, cylindrique, d'un vert blond luisant, bossuée, atteignant au bout de quelques jours une longueur de 0^m,30 à 0^m,45, sans parchemin, excellente à manger en vert, renfermant de 7 à 10 grains. Grain petit, réniforme, aplati vers le dos de couleur brun chamois à ombilic blanc entouré d'un petit cercle noir, au nombre de 4080 par litre.

Cette espèce, qui croît à Saint-Domingue et dont le produit est considérable, surtout dans les lieux chauds et abrités, n'est recommandable que pour manger en vert.

DOLIQUE

MONGETTE.

Syn. — BANETTE.

Noms étr. — **Ital.** F. Dall'occhio.

Dolichos unguiculatus. — Fam. des **Légumineuses.**

Tige haute d'environ 0^m,60; feuille très glabre, large, ovale, lancéolée, pointue, élargie à la base, vert luisant; fleur grande, rose lilacé intérieurement, d'un blanc verdâtre extérieurement, au nombre de 2 ou 3 au sommet du pédoncule, gousse longue d'environ 0^m,20 à 0^m,25, étroite, cylindrique, obtuse au sommet, légèrement marquée par la saillie des grains, au nombre de 20 à 30 par pied. Grain de forme et de couleur variable; celui qu'on cultive le plus généralement est d'un blanc sale, ridé transversalement, réniforme, court, carré aux deux extrémités, à ombilic blanc entouré d'une large tache noir intense, au nombre de 2000 par litre.

Cette espèce ne peut être cultivée avec avantage que dans le midi et le sud-ouest de la France où elle atteint une parfaite maturité.

Le grain est d'un goût particulier qui ne permet de l'utiliser comme aliment qu'en cosse verte.

DOLIQUE LABLAB.

Syn. — ....

Noms étr. — **Ital.** F. d'Egitto.

Lablab vulgaris. —Fam. des *Légumineuses.*

Originaire d'Égypte. Tige de 3 à 4 mètres ; feuille large, d'un vert sombre, glabre ; fleurs grandes, violet pourpre, odorantes, disposées en longues grappes très fournies ; cosses aplaties, rugueuses, droites sur la ligne dorsale qui est chargée de petites verrues, convexes à la partie opposée, réunies, comme les fleurs, en grappes de 10 à 12, au nombre de 5 à 600 par pied, renfermant 3 et 4 grains. Grain petit, ovale arrondi, aplati, brun noirâtre, présentant une crête blanche d'un côté du grain, au nombre de 3120 par litre.

Cette espèce est très remarquable par l'abondance de son produit dans les pays chauds ; elle fleurit abondamment sous le climat de Paris, mais n'arrive pas à maturité.

DOLIQUE LABLAB
A FLEURS BLANCHES.

Variété du précédent dont il ne diffère que par ses fleurs blanches et son grain d'un blanc verdâtre.

Très propre à l'ornement.

DOLIQUE LABLAB
JAUNE.

Sous-variété à grain brun jaunâtre.

DOLIQUE LABLAB

BLANC NAIN.

Sous-variété naine à fleur et à grain blanc, très florifère et plus hâtive que les précédentes. Le grain est plus arrondi.

IGNAME

DE LA CHINE.

Syn. — IGNAME PATATE.

Noms étr. — *Chine*. Sain-In.

Dioscorea batatas. — Fam. des *Dioscorées.*

De la Chine. — Vivace. — Racines de couleur jaune brun, longues de 0^m,40 à 0^m,50 et plus, renflées en massue vers l'extrémité, atteignant communément 4 à 5 centimètres dans leur plus grand diamètre, très amincies vers le collet, couvertes d'une grande quantité de radicules, pesant de 300 à 400 grammes, et, exceptionnellement jusqu'à 1 kilogr; souvent uniques, quelque fois réunies par deux et par trois; tiges minces, longues de 1 à 2 mètres, volubiles; feuilles pétiolées, ordinairement opposées, cordiformes, vertes, lisses et brillantes; fleurs très petites, monoïques, (jusqu'à présent, nous ne possédons que l'individu à fleur mâle), jaunâtres, disposées en épis à l'aisselle des feuilles.

Usage. — En Chine on fait un très grand usage de la racine, qui est très féculente sans saveur particulière et qui peut être comparée à la pomme de terre.

Cult. — Voyez *Almanach du Bon Jardinier* 1855, p. 489, et *la Revue Horticole* 1854, p. 243 et 443.

LAITUE

CULTIVÉE.

Syn. — ....

Noms étr. — **Angl.** Lettuce. — **All.** Lattich. — **Esp.** Lechuga. — **Port.** Alface. — **Ital.** Lattuga.

Lactuca sativa. — Fam. des *Composées.*

De l'Asie. Annuelle. Dans le jeune plant : feuilles radicales, ovales, entières ou légèrement denticulées, d'une contexture mince, variant du vert blond au brun foncé, ou panachées, tantôt planes, tantôt concaves ou disposées en cuiller, marquées de cloqûres concaves ou convexes suivant les variétés, ce qui peut, jusqu'à un certain point, servir pour les distinguer. Dans la plante développée : feuilles ordinairement arrondies, élargies, très plissées ou cloquées, formant au centre une sorte de tête ou pomme plus ou moins ronde et plus ou moins ferme et serrée, persistant plus ou moins longtemps sans s'ouvrir pour livrer passage à la tige qui est glabre, haute, de 0^m,60 à 1^m, garnie de feuilles sessiles, cordiformes, denticulées, terminée par des fleurs en panicules, réunies en capitules, jaune pâle. Graine blanche ou plus ou moins noire ou brune, longue, aplatie, elliptique, striée longitudinalement; sa durée germinative est de 5 années; 10 grammes contiennent 9 à 10,000 graines, le litre pèse 430 grammes.

On distingue les laitues cultivées en deux variétés (ou deux espèces suivant quelques botanistes), la Laitue pommée (*Lactuca capitata*, Dec.) et la Laitue Romaine ou Chicon (*Lactuca sativa*, Dec. *vel L. longa*); celle-ci se distingue de la laitue pommée par des feuilles ordinairement plus allongées, plus raides, à nervures plus grosses et plus saillantes, elles sont moins cloquées que celles de la L. pommée et forment une pomme qui est toujours allongée, à l'exception de deux ou trois variétés qui ont les feuilles lobées et ne forment pas de pomme.

Nous avons séparé, dans nos descriptions, ces deux variétés bien tranchées, mais il ne nous a pas été possible d'établir des groupes bien distincts dans l'une et dans l'autre de ces deux sections principales. La plupart des auteurs ont classé les variétés suivant leurs aptitudes particulières pour les cultures de printemps, d'été ou d'hiver; nous avons suppléé à ces distinctions qui sont peu fixes, en notant, dans le cours de nos descriptions, les aptitudes des différentes variétés pour les divers modes de culture. Cependant, dans l'ordre que nous avons suivi, nous avons réuni autant que possible les variétés selon leurs affinités.

1° LAITUES POMMÉES.

Syn. — ....

Noms étr. — **Angl.** Lettuce Cabbage. — **All.** Kopf-Lattich.—Kopf-Salat. — **Ital.** Lattuga cappuciate.

Lactuca capitata.

LAITUE

GOTTE.

Syn. — L. GAU. — L. D'OGNON.

Noms étr.. — **Ital.** L. increspata bionda.

Pomme très petite, un peu allongée, ferme, très blonde, unicolore, cloqûres larges, nombreuses. Feuilles extérieures blondes peu amples, ondulées, plissées; cloqûres saillantes, assez nombreuses. Diamètre, 0m,15. Poids, 60 grammes. Graine blanche (1).

Plant à feuilles très blondes, plus encore que celles de la L. gotte lente à monter, moins larges que dans celle-ci, à cloqûres concaves.

Cette laitue est tendre, très précoce, autant que la L. crêpe à graine noire, monte vite, ne convient pas pour l'été, mais elle passe assez bien l'hiver (2); elle est très convenable pour la culture sous cloches ou sous châssis.

LAITUE

GOTTE A GRAINE NOIRE.

Syn. — ....

Noms étr. — ....

Pomme très petite, basse, peu formée et lâche, très blonde; feuilles plissées à

---

(1) Nous avons cru devoir tenir note du diamètre et du poids des Laitues afin de faire mieux saisir les différences relatives de volume et de fermeté de la pomme dans les différentes variétés; ces données ont été prises sur les plantes au moment de leur développement normal, le diamètre a été mesuré dans l'étendue moyenne des feuilles extérieures, et les pesées ont eu lieu avec des plantes d'un développement moyen, coupées rez-terre, cependant il est important de tenir compte de ce que presque toutes les variétés ont été semées à la même époque, cultivées dans un même terrain sablonneux et chaud et par conséquent assez peu favorable au développement des laitues, et que les races de printemps ayant reçu une culture d'été n'ont pu prendre l'accroissement dont elles sont susceptibles; toutefois, nous avons suppléé à cette inégalité, en notant conjointement pour la plupart des espèces de printemps des diamètres et des poids relevés dans une culture faite en saison utile; les quelques espèces qui sont exclusivement d'hiver ont reçu une culture spéciale.

(2) Ce que nous voulons exprimer en disant qu'une laitue *passe bien l'hiver*, c'est que semée à la fin d'août ou au commencement de septembre, et plantée en pleine-terre, elle supporte l'hiver sans aucun abri. Les renseignements que nous publions sur l'aptitude des Laitues et des Romaines à passer l'hiver ont été recueillis dans une expérience faite pendant l'hiver de 1853-1854, où le thermomètre est descendu, à notre jardin, à 14° centigrade; il est vrai que les plants ont été protégés, pendant une partie de cet hiver, par une bonne couverture de neige.

cloqûres très nombreuses, saillantes. Feuilles extérieures peu amples, ondulées plissées, à cloqûres saillantes et nombreuses, très blondes. Diamètre, 0ᵐ,13. Poids : 55 grammes. Graine noire.

Plant à feuilles très blondes, plus encore que celle de la L. gotte, disposées en cuiller, tourmentées dans leur forme, à cloqûres concaves.

Cette laitue est d'assez bonne qualité, c'est la plus précoce de toutes et elle convient particulièrement pour la culture sous cloches et sous châssis. Indépendamment de la couleur de sa graine elle se distingue de la L. gotte à graine blanche par sa pomme plus petite et moins serrée. Elle passe bien l'hiver.

LAITUE

GOTTE LENTE A MONTER.

Syn. — ....

Noms étr. — **Ital.** L. increspata bionda a montare.

Pomme petite, très ferme, régulière, un peu écrasée, verte, unicolore, cloqûres très nombreuses, grosses, feuilles très plissées à l'intérieur de la pomme. Feuilles extérieures vertes, ondulées, peu amples, plissées, à cloqûres saillantes, nombreuses, grosses. Diamètre, 0ᵐ,15. Poids, 80 grammes. Graine noire. En culture d'hiver : diamètre, 0ᵐ,25 ; poids, 240 grammes.

Plant à feuilles blond verdâtre beaucoup plus foncé que dans la L. gotte à graine noire ; larges, ouvertes, à cloqûres concaves.

Cette laitue est d'excellente qualité, toute en pomme, n'occupant que peu de place et fournissant relativement beaucoup de salade, tenant très longtemps la pomme, même pendant l'été. Elle est rustique et précoce autant que la L. gotte à graine blanche ; elle est plus blonde que celle-ci. Elle passe bien l'hiver.

LAITUE

CRÊPE BLONDE.

Syn. — L. PILE A PALE.

Noms étr. — **Ital.** L. Picciola crespa.

Pomme assez petite, régulière, très peu serrée, haute, très blonde, unicolore, à cloqûres peu nombreuses, grosses, longitudinales. Feuilles extérieures assez amples, largement ondulées, non plissées, à cloqûres peu saillantes, blondes. Diamètre,

0^m,22. Poids 100 grammes. En culture d'hiver : diamètre, 0^m,25. Poids, 220 gr. Graine blanche.

Plant à feuilles blondes, ouvertes, très légèrement dentelées sur le bord, plus larges et plus crépues que celles de la L. crêpe à graine noire.

Cette laitue est un peu dure, assez rustique, très précoce, et demande à être semée de bonne heure. Elle convient particulièrement pour le printemps; cependant elle passe bien l'hiver.

Elle diffère de la L. crêpe à graine noire en ce qu'elle est plus grosse, moins cloquée, plus hâtive.

LAITUE

CRÊPE A GRAINE NOIRE.

Syn. — L. PETITE CRÊPE. — L. CRÊPE HATIVE. — L. PETITE NOIRE.

Noms étr. — Ital. L. Picciola nera.

Pomme petite, régulière, assez haute, très lâche, très blonde; feuilles à cloqûres assez nombreuses, grosses, longitudinales, non plissées. Diamètre, 0^m,19; poids, 75 grammes. Graine noire.

Plant à feuilles blondes, en gouttière, plus petites, moins crépues que celles de la L. crêpe à graine blanche; cloqûres presque nulles.

Cette laitue est un peu dure; elle est rustique, très précoce et ordinairement employée pour la culture sous cloches ou sous châssis. Elle passe bien l'hiver.

Elle est plus petite, plus crépue que la L. crêpe à graine blanche, et préférable à cette dernière, mais inférieure à la L. gotte, surtout à la L. gotte lente à monter, pour la culture en pleine terre.

LAITUE

CRÊPE DAUPHINE.

Syn. — L. GROSSE CRÊPE (de Rozier).

Noms étr. — ....

Pomme moyenne, contournée, un peu écrasée, vert foncé, colorée de brun au sommet; feuilles finement déchiquetées et crépues sur les bords, à cloqûres très nombreuses, longitudinales, saillantes à la base, rares et peu saillantes à la partie supérieure. Feuilles extérieures amples, très ondulées, nombreuses et notablement saillantes à la base, plus rares à la partie supérieure, très vertes. Diamètre, 0^m,26.

Poids, 105 grammes. En culture d'hiver : diamètre, 0m,32; poids, 465 grammes. Graine blanche.

Plant à feuilles d'un vert assez intense, renversées en dehors, ondulées, grandes, à cloqûres concaves.

Cette laitue a la feuille dure et peu délicate ; elle est rustique, passe bien l'hiver et convient pour le printemps. Elle est précoce, à peu près autant que la L. crêpe à graine blanche, et garde peu la pomme. En résumé, elle nous semble inférieure en qualité à la plupart des autres espèces de printemps et même d'hiver.

LAITUE

DAUPHINE.

Syn. — L. GROSSE BRUNE HATIVE. — L. GROSSE HATIVE D'HIVER.

Noms étr. — All. L. grosser Mogul. — Ital. L. Dolfina.

Pomme moyenne, allongée, peu pleine, d'un aspect lâche et mou, d'un vert un peu blond, légèrement colorée de rouge au sommet, à feuilles lisses, dépourvues de cloqûres. Feuilles extérieures assez amples, marquées de larges taches rousses, rares ; produisant beaucoup de drageons. Diamètre, ... Poids, ... Graine noire.

Plant à feuille blond verdâtre, étroite, allongée, creusée en gouttière, cloqûres rares, concaves.

Cette laitue est rustique, un peu plus tardive que la L. blonde d'été, convenant pour le printemps quoiqu'elle passe bien l'hiver et tienne assez bien la pomme en été ; elle est plus grosse que la blonde d'été, mais elle fournit moins.

LAITUE

GEORGES.

Syn. — ....

Noms étr. — ...

Pomme moyenne, régulière, ronde, blonde, unicolore, à cloqûres grosses, assez douces, plissées à la base. Feuilles extérieures amples, peu ondulées, creusées en cuiller, plissées à la partie inférieure, cloqûres saillantes, très rares à la partie supérieure, blondes. Diamètre, 0m,20 ; poids, 60 grammes. En culture d'hiver : diamètre 0m,25 ; poids 280 grammes. Graine blanche.

Plant à feuilles blondes, allongées, arrondies du bout, cloquées, un peu contournées, légèrement dentelées à la base, à cloqûres concaves; les feuilles du cœur blondes, très légèrement contournées et cloquées.

Cette laitue est de qualité assez tendre, elle est rustique, aussi précoce que la gotte à graine blanche; tenant peu la pomme et ne convenant que pour les semis d'automne et de printemps; on l'emploie aussi, fréquemment, comme laitue à couper.

LAITUE

TENNISBALL.

Syn. — L. d'Aubervilliers. — L. gotte verte hative.

Noms étr. — Angl. L. Hammersmith hardy.

Pomme petite ou moyenne, haute, peu serrée en été, ferme, lorsque cette variété est cultivée d'hiver. Feuilles extérieures ondulées, moyennes, vertes, à cloqûres larges, peu nombreuses. Diamètre, $0^m,20$; poids 90 à 100 grammes. En culture d'hiver : Diamètre, $0^m,25$; poids, 355 grammes. Graine noire.

Plant à feuilles vertes, concaves, distinct entre tous les autres par la tenue un peu raide des feuilles, par leur couleur et l'absence de cloqûres.

Cette espèce est de 2 ou 3 jours plus tardive que la L. crêpe à graine noire, elle est de qualité médiocre, convenant peu pour la culture de printemps ou d'été, mais très bonne pour celle d'hiver. Elle est très rustique et supporte bien le froid.

LAITUE

MOUSSERONNE.

Syn. — ....

Noms étr. — ....

Pomme assez petite, un peu haute, lâche, régulière, vert clair, coloré de rouge brun clair. Feuilles extérieures frisées et dentelées, à cloqûres douces, vert clair coloré de brun. Diamètre, $0^m,25$. Poids, 60 grammes. En culture d'hiver : diamètre, $0^m,32$; poids, 365 grammes. Graine blanche.

Plant à feuilles renversées, à cloqûres concaves; vertes, fortement lavées de rouge brun, dentelées et ondulées.

Cette laitue a les feuilles tendres mais peut-être un peu amères, elle est très précoce, tient très peu la pomme, et monte le plus souvent sans pommer. C'est une mauvaise race à laquelle nous ne connaissons aucun mérite en compensation de ses défauts. Elle passe bien l'hiver.

LAITUE

A BORD ROUGE.

Syn. — L. CORDON ROUGE. — L. BORDELANDE.

Noms étr. — **Angl.** L. Victoria. — **All.** L. gelber rothkantiger. — L. aller frühester Holländischer. — L. Broy-geel. — **Ital.** L. ad orlo rosso.

Pomme moyenne, régulière, ronde, pleine et ferme, colorée de rouge sur le sommet; feuilles à cloqûres grosses, nombreuses, plissées à la base. Feuilles extérieures peu amples, peu ondulées, un peu plissées à la base, assez blondes, à cloqûres très rares à la partie supérieure. Diamètre, 0m,21 ; poids 120 grammes. En culture d'hiver : diamètre, 0m,26, poids, 355 grammes. Graine blanche.

Plant à feuilles blondes, en cuiller, plus dressées, plus planes que dans la blonde d'été.

Cette laitue est de très bonne qualité, elle est très rustique, hâtive, n'étant devancée que de 5 jours environ par la L. gotte lente à monter; faite de printemps elle monte promptement, mais semée à l'automne pour l'hiver ou le premier printemps, elle ne souffre pas du froid et tient très bien la pomme.

On pourrait la comparer à la L. blonde trapue pour la coloration de sa pomme, mais elle est beaucoup plus petite et plus précoce.

LAITUE

BLONDE D'ÉTÉ.

Syn. — L. ROYALE A GRAINE BLANCHE. — L. POMMÉE PARESSEUSE. — L. BLONDE. — L. JAUNE D'ÉTÉ. — L. NON PAREILLE. — L. POMMÉE DE ZÉLANDE. — L. GAPAILLARD.

Noms étr. — **Angl.** (États-Unis). L. royal cabbage. — **All.** L. gelber Englischer Prinzenkopf weisser Saamen. — L. grosser gelber Harlemer. — **Ital.** L. bionda infingarda.

Pomme moyenne, régulière, ronde ou légèrement écrasée, très ferme et serrée, se déchirant un peu, blond jaunâtre. Feuilles extérieures assez amples, ondulées, plissées, à cloqûres larges, nombreuses, de couleur blond un peu doré. Diamètre, 0m,28; poids, 315 grammes. Graine blanche.

Plant à feuilles blondes, en cuiller, à cloqûres concaves; peu sensiblement différent de celui de la L. blonde de Berlin.

Cette laitue est très bonne et tendre, quoiqu'elle ait peut-être une très légère amertume; elle est très rustique, assez hâtive, précédant un peu la L. blonde de Berlin et de 4 à 5 jours plus tardive que la L. à bord rouge; elle tient très bien la pomme et c'est une des meilleures variétés pour l'été, mais elle passe mal l'hiver.

Elle diffère de la L. blonde de Berlin, d'abord par la couleur de sa graine, ensuite parce qu'elle est d'un blond plus doré et qu'elle a la pomme plus écrasée.

LAITUE

BLONDE DE BERLIN.

Syn. — L. BLONDE A GRAINE NOIRE. — L. ROYALE A GRAINE NOIRE. — L. BLONDE DE TOURS.

Noms étr. — **Angl.** (États-Unis). L. fine impérial cabbage. — L. Berlin. — **All.** L. grosser goldgelber Berliner. — **Ital.** L. bionda di Berlino.

Pomme assez grosse, ferme et serrée, ronde quoiqu'un peu haute, régulière, blonde. Feuilles extérieures assez amples, blondes, à cloqûres larges, nombreuses. Diamètre, 0m,32; poids, 470 grammes. Graine noire.

Plant ne différant pas sensiblement de celui de la L. blonde d'été.

Cette laitue est de très bonne qualité, malgré qu'elle soit peut-être légèrement amère; elle est rustique, assez hâtive, à peu près comme la L. de Versailles; elle tient très bien la pomme et c'est une excellente espèce. Elle passe mal l'hiver quoiqu'elle en souffre un peu moins que les L. blonde d'été et de Versailles.

Elle diffère de la blonde d'été par la couleur de sa graine, et en ce qu'elle est d'un blond moins doré.

LAITUE

DE VERSAILLES.

Syn. — ....

Noms étr. — **Angl.** (États-Unis). L. Versailles. — **Ital.** L. di Versaglies.

Pomme grosse, un peu allongée, un peu contournée, ferme, blonde. Feuilles extérieures amples, à cloqûres saillantes, très nombreuses, blondes. Diamètre, 0m,30 ; poids, 370 grammes. Graine blanche.

Plant à feuilles blondes, à cloqûres concaves, en cuiller, plus amples et d'un aspect plus tendre que celle de la blonde d'été.

Cette laitue est de très bonne qualité quoiqu'elle soit peut-être légèrement amère ; elle est très rustique, de précocité moyenne et de la saison de la L. palatine; elle tient très bien la pomme et vient bien dans tous les terrains et dans toutes les saisons, excepté pendant l'hiver.

Elle ressemble beaucoup à la L. blonde de Berlin dont elle diffère toutefois par la couleur de la graine et des dimensions plus considérables. C'est une des meilleures laitues d'été.

LAITUE

BLONDE TRAPUE.

Syn. — L. D'ITALIE. — L. GROSSE DORÉE D'ÉTÉ.

Noms étr. — Ital. L. bionda gropputa.

Pomme moyenne, très serrée, un peu écrasée et déchirée, de couleur blond doré, colorée de rouge brun sur le sommet. Feuilles extérieures amples, ondulées, à cloqûres saillantes, nombreuses, de couleur blond doré teinté de brun sur le sommet des cloqûres. Diamètre, 0m,30. Poids 470 grammes. Graine blanche.

Plant à feuilles planes, à cloqûres concaves; dentelées et ondulées, blondes, légèrement colorées de brun.

Cette laitue est de bonne qualité, tendre mais très légèrement amère, elle est rustique, un peu tardive et de la même saison que la L. grosse brune paresseuse ; elle tient très bien la pomme et c'est une des bonnes laitues d'été, elle a aussi l'avantage de pouvoir passer l'hiver. Elle est distincte entre toutes les autres.

LAITUE

HATIVE DE SIMPSON.

Syn. — ....

Noms étr. — Angl. (États-Unis). L. early Simpson.

Pomme grosse, contournée, haute, peu serrée, très blonde. Feuilles extérieures amples, ondulées, plissées, à cloqûres saillantes et très nombreuses, très blondes. Diamètre, 0m,35 ; poids, 360 grammes. Graine blanche.

Plant.....

Cette laitue que nous avons reçue des États-Unis est de très bonne qualité, remarquablement tendre et cassante, mais sa pomme n'est pas bien pleine. Elle est à peu près de la même saison que la L. de Versailles ; elle monte plus vite.

LAITUE

TURQUE.

Syn. — L. GROSSE ALLEMANDE. — L. GRASSE. — L. INCOMPARABLE.
Noms étr. — **Angl.** L. Turkey cabbage. — **Ital.** L. Turca.

Pomme grosse, régulière, ronde, un peu allongée, peu serrée, vert blanchâtre, terne. Feuilles extérieures très amples, arrondies, peu ondulées, plissées, à cloqûres très douces, très rares, d'un vert blond, ternes et comme dépolies. Diamètre, 0m,30 ; poids, 375 grammes. Graine noire.

Plant à feuilles d'un blond terne, ouvertes, à cloqûres presque nulles, légèrement dentelées, de contexture ferme et épaisse.

Cette laitue est tendre avec un goût d'amertume assez prononcé, elle est rustique, un peu tardive, comme la grosse brune, elle monte assez promptement. Elle est très voisine de la L. impériale et n'en diffère que par la couleur de sa graine. Elle passe assez bien l'hiver.

LAITUE

IMPÉRIALE.

Syn. — L. INCOMPARABLE.
Noms étr. —**All.** L. Asiastischer. —L. gelber Holländischer Prinzenkopf.

Cette variété ne diffère de la L. turque que par la couleur de sa graine qui est blanche.

LAITUE
GROSSE BRUNE PARESSEUSE.

Syn. — L. GROSSE GRISE. — L. GROSSE HOLLANDAISE. — L. BAPAUME. — L. BERG-OP-ZOM. — L. PRODIGIEUSE. — L. GRISE MARAICHÈRE.

Noms étr. — **Ital.** L. grossa bruna infingarda.

Pomme grosse, pas très serrée, régulière, ronde, verte, colorée de brun rougeâtre sur le sommet. Feuilles extérieures très amples, plissées, d'un vert grisâtre, légèrement dorées sur le bord, marquées çà et là de taches brun noir, à cloqûres saillantes, larges, nombreuses. Diamètre, 0^m,34; poids, 400 grammes. Graine noire.

Plant à feuilles en cuiller, blond verdâtre, marquées de larges taches brunes, à cloqûres plutôt convexes, dentelées excepté au sommet.

Cette laitue est tendre et cassante mais un peu amère; elle est rustique, tardive, à peu près comme la L. de Versailles, mais tient moins bien la pomme ; en somme, c'est une bonne variété. Elle passe assez bien l'hiver et même, en cette saison, elle fournit une pomme plus ferme qu'en été.

LAITUE
PARESSEUSE DU PAS-DE-CALAIS.

Syn. — L. JULIENNE D'ÉTÉ.

Noms étr. — ....

Cette variété ne diffère de la L. grosse brune paresseuse que par l'absence des taches qui caractérisent cette dernière. Elle passe également bien l'hiver.

LAITUE
PALATINE.

Syn. — L. JEUNE VERTE. — L. OEIL DE PERDRIX. — L. ROUSSE. — L. PETITE BRUNE. — L. BRUNE HOLLANDAISE. — L. INCOMPARABLE.

Noms étr. — **All.** L. Harlemmer. — **Ital.** L. Palatina rossa.

Pomme moyenne, très ferme, ronde, un peu écrasée, d'un vert blondissant, très colorée de rouge brun sur le sommet et marquée de taches brunes nettes et bien arrêtées. Feuilles extérieures très peu amples, plissées, de couleur vert bronzé, à cloqûres rares, douces, marquées de taches brunes, rares. Diamètre, 0^m,25; poids, 315 grammes. Graine noire.

Plant à feuilles planes, dentelées jusque vers le milieu, de couleur blond doré, marquées de taches rougeâtres.

Cette laitue est de très bonne qualité, elle est rustique, de précocité moyenne comme la blonde de Berlin; elle diffère de la L. rousse hollandaise en ce que celle-ci n'a pas les taches qui la caractérisent; elle est aussi moins grosse.

Cette variété est sans contredit l'une des meilleures; elle fournit beaucoup quoiqu'elle soit peu volumineuse et convient pour toutes les saisons. Elle passe assez bien l'hiver.

LAITUE

ROUSSE HOLLANDAISE.

Syn. — L. GROSSE HOLLANDAISE.

Noms étr. — ....

Pomme moyenne, peu serrée, un peu haute, d'un vert blond coloré de rouge brun sur presque toute la surface de la feuille qui est un peu repliée sur le sommet. Feuilles extérieures ondulées, arrondies, de couleur verte, lavées de rouge bronzé, à cloqûres douces, larges, assez rares. Diamètre, 0^m,30; poids, 230 grammes. Graine noire.

Plant à feuilles blond verdâtre, légèrement lavé de brun sur le bord, planes, à cloqûres presque nulles, plutôt concaves.

Cette laitue est tendre et de bonne qualité; elle est rustique, de précocité moyenne, à peu près comme celle de Versailles. Elle ne tient pas bien la pomme en été et conviendrait mieux pour l'hiver qu'elle supporte assez bien.

Elle diffère de la Palatine, dont elle est assez voisine, en ce qu'elle est plus volumineuse, moins précoce et en ce que sa pomme est moins serrée.

LAITUE

ROUSSE A GRAINE JAUNE.

Syn. — L. D'AMÉRIQUE. — L. DÉSIRÉE.

Noms étr. — All. L. neuer braungelber.

Pomme moyenne, un peu lâche, haute, un peu pointue dans le commencement, ronde ensuite, à cloqûres douces, d'un vert doré nuancé de rouge. Feuilles extérieures minces, cloquées et surtout plissées dans le sens des nervures. Remarquable par les rejetons qu'elle pousse. Diamètre .... Poids .... Graine jaune.

Plant à feuilles ouvertes, allongées, minces, dentelées, roussâtres, marquées de taches brunes, à cloqûres concaves.

Cette laitue est d'assez bonne qualité, elle est rustique et convient même bien pour l'hiver, elle est de précocité moyenne et à peu près de la saison de la L. de Versailles.

Elle a, par son aspect, beaucoup de rapport avec la L. rousse hollandaise, mais à part la couleur de la graine, elle s'en distingue en ce qu'elle est plus cloquée et plus rouge. Elle est caractérisée, en outre, par les rejetons qu'elle produit après avoir pommé. On ne doit pas la confondre avec une autre variété à graine jaune cultivée dans l'Anjou et qui est très différente.

LAITUE

ROUGE CHARTREUSE.

Syn. — L. GROSSE ROUGE. — L. ROUGE.

Noms étr. — ....

Pomme moyenne, régulière, un peu haute, peu serrée, vert foncé, fortement coloré de rouge brun. Feuilles extérieures d'un vert brillant lavé de brun, amples, ondulées, à cloqûres saillantes, très nombreuses. Diamètre 0^m 30 ; poids 350 grammes. Graine noire.

Plant à feuilles vert lavé de brun, en cuiller, à cloqûres concaves.

Cette laitue est très tendre et douce, elle est rustique, tardive comme la L. grosse brune paresseuse, et garde peu la pomme en été ; elle conviendrait mieux pour l'hiver, et elle fournit en cette saison une pomme beaucoup plus grosse et plus ferme qu'en été.

Elle se distingue de la L. rousse hollandaise par sa couleur plus rembrunie.

LAITUE

SANGUINE, A GRAINE BLANCHE.

Syn. — L. PANACHÉE A GRAINE BLANCHE. — L. FLAGELLÉE A GRAINE BLANCHE. — L. TRUITE.

Noms étr. — **All.** L. bunter Forellen, weisser Saamen. — **Ital.** L. Sanguigna a seme bianco.

Pomme moyenne, régulière, ronde, d'un vert blond panaché de larges taches ou mouchetures rouge brun. Feuilles extérieures ondulées, peu amples, rondes, vert cuivré panaché de rouge brun, à cloqûres saillantes, nombreuses. Diamètre 0^m, 25; poids 225 grammes. En culture d'hiver : diamètre 0^m, 27. Poids 440 grammes. Graine blanche.

Plant à feuilles blond doré marquées de nombreuses taches brun rougeâtre, en cuiller, à cloqûres ordinairement concaves.

Cette laitue est très tendre et forme une jolie salade, un peu tardive, comme la L. grosse brune paresseuse, mais tenant peu la pomme en été. Comme elle est rustique, on peut la semer en automne pour l'hiver, et, cultivée en cette saison, elle pomme presque en même temps que la L. à bord rouge. Elle convient également pour les semis précoces du printemps.

LAITUE

SANGUINE A GRAINE NOIRE.

Syn. — L. PANACHÉE A GRAINE NOIRE. — L. FLAGELLÉE À GRAINE NOIRE.

Noms étr. — **Ital.** L. Sanguigna a seme nero.

Pomme moyenne, ferme, régulière, ronde, bien faite, vert lavé et marqué de larges taches rouge brun, devenant rouge vif sur le sommet de la pomme. Feuilles extérieures vert coloré de rouge brun, courtes, arrondies, plissées à la base. Diamètre 0,^{m} 30; poids....... En culture d'hiver; diamètre 0,^{m} 27; poids 340 grammes. Graine noire.

Plant à feuilles rougeâtres, les plus colorées de toutes les laitues, planes, à cloqûres concaves et convexes.

Cette laitue est de bonne qualité quoique un peu amère ; elle est rustique, tardive comme la L. grosse brune paresseuse, et tient bien la pomme, à tel point qu'elle donne difficilement de la graine; mais elle paraît moins bonne pour l'hiver que la L. sanguine à graine blanche; elle est plus fortement fouettée de rouge que celle-ci, sa pomme est moins bien faite, moins forte, mais elle lui est préférable. Elle est d'un rouge beaucoup plus vif que la L. rouge chartreuse.

LAITUE

BATAVIA BLONDE.

Syn. — L. DE SILÉSIE. — L. TÊTE DE MORT. — L. FRISÉE ALLEMANDE.

Noms étr. — **Angl.** L. white Silesian. — L. white Batavia. — **All.** L. grosser gelber krauser rothkantiger. — L. Montrée, weisser Saamen. — **Ital.** L. Batavia bionda.

Pomme très grosse, haute, pommant en manière de chou, un peu lâche, blond doré légèrement coloré de rouge brun sur le sommet de la pomme. Feuilles extérieures très amples, crépues, dentelées, à cloqûres très saillantes, très nombreuses, de couleur blond doré coloré de brun sur le bord. Diamètre 0^m, 45; poids 595 grammes. Graine blanche.

Plant à feuilles très blondes lavées de brun, particulièrement sur le bord qui est dentelé et frisé, renversées en dehors, à cloqûres convexes.

Cette laitue est très douce mais un peu dure, elle est rustique et résiste bien à la sécheresse; elle garde bien la pomme, est tardive, de la saison de la L. batavia brune, et de six jours environ plus tardive que la L. grosse brune paresseuse. Elle passe mal l'hiver.

Cette espèce est une des plus volumineuses, ce qui, à un certain point de vue, est un inconvénient, puisqu'une L. batavia occupe, dans une plantation, la même place que deux L. blonde d'été, ou deux L. palatines; elle a aussi le désavantage d'être cassante et difficile à transporter; il paraît néanmoins qu'elle convient beaucoup dans de certaines localités où elle est très appréciée, notamment en Auvergne et dans les environs de Lyon.

LAITUE

CHOU DE NAPLES.

Syn. —

Noms étr. — **Angl.** L. Neapolitan cabbage.

Pomme très grosse, très ferme, régulière, ronde, ayant tout à fait l'aspect de celle d'un chou, en même temps qu'elle en a la couleur, à très grosses côtes. Feuilles extérieures très amples, très ondulées, découpées et frisées sur le bord, à grosses côtes, à cloqûres très saillantes et très nombreuses, vertes. Diamètre 0^m, 40. Poids 600 grammes. Graine blanche.

Plant à feuilles vertes, moins vertes toutefois que celles de la L. batavia brune, à cloqûres convexes, dentelées et frisées sur le bord, ressemblant, pour le port, au plant de la L. batavia blonde.

Cette laitue est très bonne, douce et cassante, gardant très bien la pomme, et si lente à monter, qu'on est obligé de la fendre pour obtenir la graine dont elle est très avare; elle est rustique, tardive, et de la saison de la L. de Malte.

Cette variété est curieuse par sa forme, par son volume, mais on devrait lui préférer la L. de Malte; elle n'est bonne que pour les semis du printemps, quoiqu'elle passe assez bien l'hiver.

LAITUE

BATAVIA BRUNE.

Syn. — L. CHOU. — L. BRUNE DE SILÉSIE.

Noms étr. — **Angl.** L. Marseilles cabbage. — **Ital.** L. cavolo, L. Batavia bruna.

Pomme très grosse, un peu anguleuse, haute, régulière, pommant en manière de chou, un peu lâche, à côtes grosses et saillantes, verte colorée de brun. Feuilles extérieures très amples, très ondulées, découpées et frisées sur le bord, à cloqûres saillantes, très grosses, longitudinales, assez nombreuses, de couleur vert bronzé. Diamètre 0^m, 45. Poids 800 grammes.

Plant à feuilles très vertes, renversées en dehors, dentelées et frisées sur le bord, allongées, raides, à cloqûres convexes.

Cette laitue est un peu dure quoique cassante et douce au goût et meilleure cuite que crue; elle est très rustique, très tardive, autant que la L. Batavia blonde, et garde bien la pomme; elle est moins répandue que celle-ci, et nous aurions les mêmes raisons pour lui préférer des espèces moins volumineuses. Elle passe assez bien l'hiver.

LAITUE
DE MALTE.

Syn. — L. CHOU BLONDE.

Noms étr. — **Angl.** — L. Drumhead.— L. Malta. — Ice Cos (États-Unis). — **All.** L. grüner gelber Kopfmontree. —**Ital.** L. di Malta.

Pomme très grosse, haute, coiffant en manière de chou, peu pleine, très blonde, unicolore; ayant un peu la tournure d'une romaine. Feuilles extérieures très amples, très ondulées, un peu découpées, très blondes, unicolores, à très grosses côtes, à cloqûres très saillantes, longitudinales, rares. Diamètre 0^m,40. Poids 630 grammes. Graine blanche.

Plant à feuilles renversées, allongées, très amples, très blondes, raides, à cloqûres convexes.

Cette laitue est très bonne, tendre et douce; rustique, tardive et de la saison de la L. grosse brune, gardant bien la pomme. Elle passe assez bien l'hiver.

Elle est préférable aux L. batavia et très cultivée en Angleterre.

LAITUE
PASSION.

Syn. — L. DE LA PASSION.

Noms étr.—**Ital.** L. Passione.

Pomme moyenne, régulière, un peu haute, peu serrée, assez verte, colorée de rouge au sommet. Feuilles extérieures amples, peu ondulées, plissées à la base, marquées de taches brun clair, rares, à cloqûres douces. Diamètre (en culture d'hiver) 0^m,30. Poids 440 grammes. Graine blanche.

Plant à feuilles creusées en gouttière, blondes, marquées de taches brunes très rares, différant de celui de la L. grosse brune, en ce que le fond de la feuille est plus blond et en ce qu'elle est moins en cuiller.

Cette laitue est un peu dure; elle garde assez bien la pomme; elle est rustique et à peu près de la même saison que la L. morine.

LAITUE

MORINE.

Syn. — L. ROULETTE BLANCHE. — L. RUSTIQUE D'HIVER.

Noms étr. — **Ital.** L. Morina.

Pomme moyenne, pleine et ferme, arrondie, régulière, blonde, à cloqûres grosses formées en plis à la base. Feuilles extérieures d'un blond grisâtre, paraissant comme huilées ou glacées, assez amples, peu ondulées, à cloqûres saillantes en forme de plis, assez rares à la partie supérieure. Diamètre (en culture d'hiver) 0^m, 27. Poids 430 grammes. Graine blanche.

Plant à feuilles blondes, en cuiller, à cloqûres concaves, peu différent du plant de la L. blonde d'été.

Cette laitue est très bonne cultivée en hiver, elle est tendre, très rustique, très lente à monter ; elle se fait aussi vite que la L. passion et monte au moins 15 jours plus tard ; elle est aussi plus hâtive que la L. brune d'hiver. C'est peut-être la meilleure des laitues d'hiver.

LAITUE

BRUNE D'HIVER.

Syn. — L. GROSSE BRUNE D'HIVER.

Noms étr. — ....

Pomme moyenne, régulière, assez pleine, haute, vert coloré de rouge brun. Feuilles extérieures légèrement ondulées, courtes, plissées, à cloqûres saillantes, nombreuses ; vert clair coloré de rouge brun. Diamètre (en culture d'hiver) 0^m, 30. Poids 435 grammes. Graine blanche.

Plant à feuilles courtes, arrondies, cloquées, d'un vert blond lavé de brun.

Cette laitue est de bonne qualité, elle est très rustique, tient bien la pomme, aussi bien même que la L. morine, mais elle fournit une pomme moins ferme que celle-ci. C'est une excellente race préférable à la L. passion.

LAITUE

A COUPER.

Syn. — L. A PINCER. — PETITE LAITUE.

Noms étr. — All. L. früher-Schnitt. — L. Stech.

Ce nom ne s'applique particulièrement à aucune variété de laitues et on peut les employer toutes indifféremment comme *laitues à couper*; cependant on préfère les variétés à feuilles blondes, et l'on fait plus ordinairement usage des variétés hâtives, telles que les L. George, gotte, crêpe, etc.

Toutefois les laitues à couper *non pommées* forment une série assez distincte qui se compose des espèces qui vont suivre.

LAITUE

CHICORÉE.

Syn. — ....

Noms étr. — Ital. L. Cicorcata.

Pomme nulle. Feuilles étalées en rosette, blondes, frisées et crépues comme celles de la chicorée frisée de Meaux. Graine noire, la plus petite des graines de laitue.

Plant à feuilles blondes, peu amples, déchiquetées et frisées comme celles de la Chicorée.

Cette laitue est tendre, très rustique et très bonne *pour couper*. Elle passe très bien l'hiver.

LAITUE

CHICORÉE ANGLAISE.

Syn. — ....

Noms étr. — ...

Pomme nulle. Feuilles étalées en rosette, d'un blond gris argenté, courtes; ondulées sur les bords mais non crépues comme la L. chicorée; à nervures lilacées, cœur bien fourni. Graine noire.

Plant....

Cette laitue est rustique et au moins égale en qualité à la L. chicorée, si elle n'est plus tendre. Elle passe aussi très bien l'hiver.

LAITUE

ÉPINARD.

Syn. — L. A FEUILLE DE CHÊNE. — L. A CARÊME.

Noms étr. — **Ital.** L. Spinaccio.

Pomme nulle. Feuilles nombreuses, dressées, minces, très blondes, lobées comme celle du Chêne, légèrement dentelées à la base. Graine noire, petite, longue, ponctuée.

Assez bonne laitue à couper; elle repousse et peut être coupée plusieurs fois. Elle passe très bien l'hiver.

2° LAITUES ROMAINES

Syn. — CHICON.

Noms étr. — **Angl.** Cos Lettuce. — **All.** Römischer Lattich. — Binde-Salat. — **Esp.** Lechuga Romana. — **Port.** Alface Romana. — **Ital.** Lattughe romane.

Lactuca sativa, Dec. — *Lactuca longa*.

ROMAINE

VERTE MARAICHÈRE.

Syn. — ....

Noms étr. — **Angl.** Cos green Paris. — **Ital.** L. R. verde degli ortolani.

Pomme allongée en cône renversé, coiffant sans être liée, anguleuse, assez serrée, à feuilles capuchonnées, à grosses côtes, d'un vert intense. Feuilles extérieures vert foncé, dressées, raides, très entières, ayant le sommet renversé en dehors, à cloqûres peu saillantes, très nombreuses. Diamètre $0^m,30$. Poids 700 grammes. Graine blanche.

Plant à feuilles vert foncé, en gouttière, à cloqûres convexes.

Cette romaine a la feuille tendre et très cassante; elle est rustique et hâtive, devançant de cinq jours la R. blonde maraichère. C'est la seule variété employée par les jardiniers de Paris pour la culture sous cloches. Elle paraît très sensible au froid.

ROMAINE

GRISE MARAICHÈRE.

Syn. — ....

Noms étr. — **Ital.** L. R. Grigia degli ortolani.

Pomme allongée, en cône renversé, coiffant sans être liée, anguleuse, assez serrée, feuilles capuchonnées, à grosses côtes, vertes avec un ton grisâtre sur le sommet de la pomme. Feuilles extérieures vert intense, dressées, raides, à cloqûres saillantes, très nombreuses. Diamètre 0^m,32. Poids 625 grammes. Graine blanche.

Plant à feuilles d'un vert un peu moins intense que dans la R. verte maraichère, plus amples, plus arrondies.

Cette romaine est tendre, cassante, rustique et de précocité intermédiaire entre les R. verte et R. blonde maraichères; elle est peu répandue et en général on lui préfère ces deux dernières. Elle supporte mal le froid.

ROMAINE

BLONDE MARAICHÈRE.

Syn. — ....

Noms étr. — **Angl.** Cos white Paris. — **All.** Spargelsalat Sommer. — Endivien gelber.

Pomme allongée, en cône renversé, coiffant sans être liée, bien remplie, anguleuse; feuilles à grosses côtes, vert blond. Feuilles extérieures blondes, dressées, raides, à cloqûres peu saillantes, très nombreuses. Diamètre 0^m,35. Poids 715 gr. Graine blanche.

Plant à feuilles blondes, amples, arrondies.

Cette romaine est très bonne, tendre et cassante, elle est rustique, de cinq jours plus tardive que la R. verte maraichère; elle a le défaut d'être sujette à la rouille. En somme c'est une espèce excellente et elle a été adoptée peu près exclusivement par les jardiniers de Paris pour la culture en pleine terre. Elle passe très mal l'hiver.

ROMAINE
ALPHANGE A GRAINE BLANCHE.

Syn. — ....

Noms étr. — **Angl.** Cos Florence.—Cos magnum bonum. — **Ital.** L. R. Alfanga bionda.

Pomme très grosse, allongée, ovale, peu serrée, ne se formant que lorsqu'elle est liée. Feuilles extérieures arrondies, minces, blondes, très larges, à cloqûres douces, renversées en dehors, à côtes grosses et cassantes. Graine blanche.

Plant à feuilles vert blondissant, renversées en dehors, à cloqûres convexes.

Cette romaine est très tendre, mais a peu de goût, elle est de 10 à 12 jours plus tardive que la R. verte maraichère et très lente à monter; mais quoique ce soit une belle et forte race, les R. maraichères lui sont préférables. Elle passe assez mal l'hiver.

ROMAINE
ALPHANGE A GRAINE NOIRE.

Syn. — R. SAGAU.

Noms étr.— ....

Cette variété a la même forme que la R. alphange à graine blanche, et la pomme un peu plus petite; elle a les feuilles plus étroites, moins arrondies, d'un blond plus doré sur le bord; c'est la plus blonde de toutes les Romaines.

Plant à feuilles très blondes, renversées, un peu moins amples que celle de la R. alphange à graine blanche, à cloqûres convexes.

Cette romaine est de très bonne qualité et même elle est préférable à la R. alphange à graine noire. Elle passe assez bien l'hiver.

ROMAINE
BLONDE DE BRUNOY A GRAINE BLANCHE.

Syn. — R. BLONDE MAJEURE.

Noms étr.—....

Pomme allongée, peu fournie, ne se formant que lorsqu'elle est liée; feuilles longues, étroites et pointues, notablement plissées dans le sens des nervures, unies sur le bord, renversées en dehors comme celles des R. alphanges; plus raides.

Plant à feuilles planes, vert blondissant, de la même couleur que celles de la R. alphange, à graine blanche; feuilles moins renversées que dans celle-ci, plus étroites.

Cette romaine est la plus grosse de toutes les espèces de ce genre, elle est très rustique, assez tendre, mais elle a le grave défaut de monter très vite; elle se distingue principalement des R. alphanges en ce qu'elle est plus haute, plus volumineuse, plus verte. Elle passe assez bien l'hiver.

ROMAINE
BLONDE DE BRUNOY A GRAINE NOIRE.

Syn. — R. BLONDE DE HOLLANDE.

Noms étr. — **Ital.** L. R. bionda di Brunoy.

Pomme allongée, très peu serrée, presque nulle; feuilles très amples, très blondes, un peu pointues, légèrement ondulées, unies sur le bord, renversées en dehors, de couleur verte blondissant sur le bord.

Plant ne différant pas sensiblement de celui de la R. blonde de Brunoy à graine blanche, si ce n'est en ce que les feuilles sont peut-être un peu plus renversées en dehors.

Cette romaine n'est pas préférable à la variété à graine blanche, et, comme celle-ci, elle est très inférieure aux Romaines maraîchères et même aux R. alphanges. Elle passe assez bien l'hiver.

ROMAINE
BRUNE ANGLAISE.

Syn. — R. INCOMPARABLE. — R. D'ANGLETERRE.

Noms étr. — **Angl.** C. brown. C. Bearfield very large. C. Bath.

Pomme moyenne, pointue, peu serrée, un peu contournée, ayant besoin d'être liée; feuilles d'un vert glauque cuivré, assez raides, ayant le bord renversé en dehors, remarquablement dentelées, cloqûres rares mais fortes et ressemblant à certaines piqûres d'insectes; drageons nombreux. Graine blanche.

DESCRIPTION

Plant à feuilles vert blondissant, planes, très dentées, à nervure médiane rougeâtre.

Cette romaine est d'assez bonne qualité et recherchée en Angleterre.

Elle est comme intermédiaire entre les R. maraichères et les R. alphanges; elle se fait moins vite que les R. maraichères et plus promptement que les alphanges. Elle passe bien l'hiver.

ROMAINE
MONSTRUEUSE.

Syn. — R. A DEUX COEURS.
Noms étr......

Pomme très grosse, assez allongée, peu serrée; feuilles larges, égalant en ampleur celles de la R. alphange, pointues, vert foncé lavé de brun, à cloqûres très douces ou nulles. Elle drageonne beaucoup et forme quelquefois plusieurs pommes. Graine blanche.

Plant à feuilles blondes très légèrement lavées de brun, plus particulièrement sur le bord, planes, ayant beaucoup de ressemblance avec celles de la R. de la Madeleine et s'en distinguant en ce qu'elles sont moins renversées et un peu plus colorées.

Cette romaine garde peu la pomme, n'est pas de très bonne qualité; on doit lui préférer les R. maraichères et les alphanges. Elle passe assez bien l'hiver, mais dans cette saison, les drageons se montrent en trop grande abondance avant que la pomme soit formée.

ROMAINE
DE LA MADELAINE.

Syn. — ....
Noms étr. — All. Salat, Sommer-Endivien, blass-gelber.

Pomme haute, contournée, peu fournie, coiffant presque seule sans être liée. Feuilles blondes lavées de rouge surtout sur le bord, renversées en dehors. Graine noire.

Plant à feuilles blondes, renversées, très légèrement nuancées de brun sur le bord.

Cette romaine est tendre et d'assez bonne qualité; elle a quelque ressemblance avec la R. monstrueuse, mais elle est plus haute et plus blonde. Elle est cultivée à Mont-de-Marsan d'où elle nous a été envoyée en 1839, par M. Farbos.

ROMAINE

PANACHÉE A GRAINE BLANCHE.

Syn. — R. SANGUINE A GRAINE BLANCHE. — R. FLAGELLÉE A GRAINE BLANCHE.

Noms étr. — **Angl.** C. spotted white seed. — **Ital.** L. R. Macchiata.

Pomme presque nulle, formant au centre une sorte de cœur assez serrée, légèrement contournée, demandant à être liée pour acquérir toute sa qualité. Feuilles longues, étroites du bas, assez larges, arrondies et crénelées au sommet, dentelées jusqu'aux deux tiers de leur longueur, peu cloquées, légèrement contournées et concaves, vert assez intense, fortement fouetté de rouge brun. Plante courte et ramassée. Graine blanche.

Plant à feuilles renversées en dehors, marquées de mouchetures plus rares que dans la variété à graine noire.

Cette romaine est excellente et fort tendre, elle est tardive, tient assez bien sans monter. Elle a aussi le mérite de passer assez bien l'hiver, et, en somme, elle est très bonne.

ROMAINE

PANACHÉE A GRAINE NOIRE.

Syn. — R. SANGUINE A GRAINE NOIRE. — R. FLAGELLÉE A GRAINE NOIRE.

Noms étr. — **Angl.** C. spotted black seed.

Pomme presque nulle, formant au centre une sorte de cœur assez serré, droit, très fortement tacheté de brun, légèrement cloquée. Feuilles très marquées de taches brunes en forme de placards; allongées, très légèrement dentelées à la base, assez élargies du sommet qui est arrondi; droites, peu cloquées, creusées en cuiller. Graine noire.

Plant....

Cette romaine est très bonne et tendre; elle possède, d'ailleurs, toutes les qualités de celle à graine blanche.

DESCRIPTION

ROMAINE
PANACHÉE AMÉLIORÉE.

Syn. — ....

Noms étr. — ....

Pomme bien faite, allongée, assez ferme, coiffant presque seule à la manière des R. maraîchères, d'un vert blond coloré et tacheté de rouge brun. Feuilles extérieures raides, dressées, un peu renversées en dehors à la partie supérieure, amples, à cloqûres peu saillantes, rares ; vert pâle taché de larges macules brun rougeâtre. Graine noire.

Plant. ...

Cette romaine est de très bonne qualité et tendre, elle est plus hâtive que les deux autres variétés de romaine panachée, et se fait aussi vite que la R. blonde maraîchère. Elle est rustique, et quoiqu'elle tienne peu la pomme, elle est peut-être préférable aux deux variétés anciennes de R. panachée.

ROMAINE
ROUGE A GRAINE BLANCHE.

Syn. — ....

Noms étr. — ....

Pomme presque nulle, formant une sorte de cœur contourné, rouge brun, à feuilles dont les bords sont renversés en dehors. Feuilles extérieures rouge brun, peu allongées, étroites, légèrement contournées et dentées jusque vers le milieu de leur longueur, plissées à la base, concaves.

Plant à feuilles brun verdâtre, creusées en gouttière, un peu pointues au sommet.

Cette romaine tient assez bien la pomme, mais ne nous paraît pas, d'ailleurs, très recommandable. Elle supporte bien la culture d'hiver et convient peu pour l'été.

ROMAINE
ROUGE D'HIVER A GRAINE NOIRE.

Syn. — R. ROUGE DE HAARLEM.

Noms étr. — ....

Pomme presque nulle, formant une sorte de cœur de couleur rouge très rembruni et comme huilé. Feuilles extérieures très brunes.

Plant à feuilles rouge brun (la plus colorée de toutes les romaines), planes.

Cette romaine a pour mérite principal d'être peu sensible au froid et ne convient que pour l'hiver.

ROMAINE
VERTE D'HIVER.

Syn. — ....

Noms étr. — **Ital.** L. R. verde d'inverno.

Pomme allongée et de la forme de celle des R. maraîchères, mais ne coiffant pas bien sans être liée, de couleur très verte, très cloquée. Feuilles extérieures raides, dentelées jusqu'aux deux tiers, courtes, arrondies au sommet, légèrement concaves, très cloquées, de couleur vert très vif. Graine noire.

Plant à feuilles planes, très arrondies au sommet, d'un vert un peu bleuâtre.

Cette romaine est de qualité un peu dure, très rustique et convenant exclusivement pour l'hiver.

ROMAINE
A FEUILLES DE CHÊNE.

Syn. — ....

Noms étr. — ....

Pomme nulle. Feuilles très nombreuses, radicales, formant un cœur assez plein, lobées ou découpées profondément comme une feuille de chêne, de couleur vert bronzé. Graine noire.

Plant ayant les feuilles caractérisées comme la plante dans son entier développement.

DESCRIPTION

Cette romaine repousse après avoir été coupée, mais elle est peu usitée. Elle passe bien l'hiver.

ROMAINE
A FEUILLE D'ARTICHAUT.

Syn. — Laitue artichaut.

Noms étr. — ....

Pomme nulle. Feuilles radicales très nombreuses, longues de 0^m,30, découpées en lobes très allongés, pointues au sommet, d'un vert brun marqué de quelques taches brunes, érigées, disposées en faisceau et formant un cœur bien rempli. Graines brunes et courtes.

Plant à feuilles étroites, lobées, d'un vert vif marqué de taches brunes, rares.

Cette romaine qui a des qualités très remarquables, nous a été communiquée par Mathieu de Dombasle, et nous ne pouvons mieux faire, pour faire connaître cette espèce, que de transcrire les renseignements qui nous ont été transmis par le célèbre agronome : « Cette laitue est connue sous le nom de laitue artichaut, à cause de la forme de ses feuilles longues, étroites, pointues, représentant de larges dentures latérales, qui leur donne l'apparence de feuilles d'artichaut. Elles sont d'un vert foncé, douces et légèrement amères ; mais lorsqu'elles ont été blanchies par la ligature, l'amertume disparaît ; elles sont très tendres et d'une saveur bien plus agréable que celles de toutes les autres laitues. Cette espèce se distingue particulièrement par une propriété qui la rend précieuse, comme laitue d'été et d'automne, c'est sa lenteur à monter en graine. Lorsqu'elle a été semée en pleine terre à la fin de l'hiver, elle forme en juin une touffe volumineuse, non pas étalée en rosette, comme l'endive, mais en forme de faisceau, parce que toutes les feuilles se dirigent en haut. Cette touffe augmente de volume jusqu'en septembre et ne monte que fort tard, en sorte que la semence n'est mûre que peu de temps avant les premières gelées. Les feuilles intérieures blanchissent aussi spontanément, mais il vaut beaucoup mieux leur donner une ou deux ligatures. — En la semant en juin et juillet, elle est excellente à manger jusque fort tard dans l'automne, tandis que toutes les romaines que je connais prennent une saveur âcre et cessent d'être mangeables dès que la végétation est interrompue. En rentrant la laitue artichaut de même que les endives, à l'époque des premières gelées, je l'ai encore conservée pendant un mois avec toutes ses qualités ; peut-être pourrait-on la conserver encore plus longtemps, je n'en avais fait rentrer que fort peu, ce qui ne m'a pas permis de pousser l'épreuve aussi loin qu'elle aurait pu l'être. » Elle passe bien l'hiver.

LAITUES DIVERSES.

Grosse blonde paresseuse. (Anjou), 1854. Belle laitue à feuilles et pomme blond cuivré, tardive et gardant bien la pomme; de bonne qualité; a de la ressemblance avec la L. rousse hollandaisse, est plus cloquée et paraît plus ferme.

Verte à graine jaune, (Anjou), 1853. Variété à pomme assez petite vert clair, terne, de précocité moyenne, gardant peu la pomme en été, mais assez longtemps lorsqu'on la cultive comme laitue d'hiver ; elle paraît très rustique et très convenable pour cette saison. Elle a quelques rapports de ressemblance avec la L. turque et impériale. En culture d'hiver, elle a atteint $0^m,37$ de diamètre et un poids de 620 grammes.

Palatine rousse d'été. (Anjou), 1852. Laitue très verte, tachée comme la palatine, mais ne pouvant lui être assimilée.

Favorite de Misy. } Feuillage étalé d'un vert plus blond que celui de la L.
Grosse palatine. } palatine ordinaire, plus ample, à taches rousses plus grandes et plus nombreuses, beaucoup moins lavé de rouge qui est plus clair ; pomme grosse, peu serrée, ayant des rapports de forme et de maturité avec la L. grosse brune.

Rougette. (Provence), 1842. Petite laitue à feuille très verte fortement lavée de rouge, pommant à peine et montant immédiatement dans une culture d'été, conviendrait peut-être mieux pour le printemps ou pour l'hiver.

Roulette d'Alger, 1842. Très bonne variété voisine des L. de Versailles et blonde d'été.

Valenciennes, 1853. Voisine de L. Tennisball, mais plus blonde et pommant un peu mieux, n'a du reste, rien de remarquable.

Verte rustique, 1832. Voisine de L. Tennisball, plus verte et plus grosse, aussi prompte à monter.

Pommée blanche. (Provence), 1844. Petite laitue verte, à pomme assez serrée, déchirée, haute, colorée de rouge. Cette variété est assez bonne et ne ressemble à aucune des espèces de notre collection.

Passion sanguine. 1840. Sous-variété de la laitue passion, dont la feuille est tachetée de rouge, mais qui ne lui est pas préférable.

Passion Rhode, 1842. Variété de la L. passion ordinaire, plus lente à monter et plus volumineuse.

Coquille. Petite laitue d'hiver à feuilles blond glauque, cloquées; pommant peu, montant vite. Espèce médiocre que nous avons tenue pendant quelque temps et que nous avons renoncé à cultiver.

Belle et bonne de Bruxelles, 1850. Variété à pomme volumineuse, rappelant un peu la L. batavia ; n'a rien de remarquable.

Cocasse à graine noire. Feuilles blond glauque, larges, cloquées, un peu plissées sur la hauteur ; l'extrémité des feuilles un peu ondulée et repliée en dehors. Elle ne coiffe presque pas et la pomme paraît tronquée à cause des feuilles repliées, mais la pomme est très ferme.

Cocasse à graine blanche. Semblable à la variété à graine noire.

Cocasse d'hiver à graine blanche. A de l'analogie avec la L. cocasse à graine noire et à graine blanche, pomme bien au printemps et au commencement de l'été.

D'Espagne blonde fine, 1850. Paraît être une laitue d'hiver de qualité médiocre.

Garbusine, 1842. Sorte de L. blonde montant sans pommer dans une culture d'été ; elle convient peut-être mieux pour le printemps ou pour l'hiver.

De Gênes verte, 1844. Très voisine de la L. grosse brune paresseuse, elle lui ressemble en tous points, excepté qu'elle est un peu plus verte.

Girafe. Plante voisine de la Romaine à feuille de chêne ; feuilles plus étroites, plus déchiquetées, de couleur verte.

De Groslay. Laitue d'hiver de la grosseur de la L. passion, plus blonde ; très rustique.

Grosse blonde d'hiver, 1853. Pomme très peu pleine ; feuilles luisantes, blondes, très cloquées et très capuchonnées. Cultivée à Chevreuse.

Italienne ou Hollandaise. (BRETAGNE), 1839. Variété très voisine de la L. dauphine, si toutefois elle n'est pas analogue à celle-ci.

D'Italie. Laitue haute et l'on pourrait dire mince, montrant la côte comme une romaine ; feuilles minces ; d'un vert brun rougeâtre, surtout sur les bords et sur le dessus de la pomme. La moitié extérieure des feuilles basses est assez unie et terne, les feuilles de la pomme très plissées dans le sens des nervures et assez luisantes. Elle a des rapports de forme avec la L. grosse à graine jaune, est au moins aussi lente et plus à se faire que la L. rouge chartreuse.

Jeune verte n° 2. (ANJOU), 1853. Pomme vert foncé, légèrement contournée et peu cloquée ; feuilles vert foncé, courtes et bien arrondies du bout, peu cloquées, peu dentelées et peu plissées à la base, légèrement concaves, gardant peu la pomme, et, en somme, paraissant médiocre ; très distincte de la L. palatine qui porte aussi le nom de L. jeune verte.

Lyonnaise. Se rapproche beaucoup de la blonde d'été, mais elle est moins haute, quoiqu'elle le soit aussi, de dimensions moins fortes, elle a les feuilles un peu plus cloquées et travaillées ; elle est d'un blond blafard, remarquable surtout sur la pomme que l'on pourrait appeler blanche par excellence ; ce dernier caractère la rapproche de la L. de Versailles.

Maraîchère d'été. Feuilles courtes, larges, bordées de rouge ; pomme petite, assez serrée, teinte de rouge sur le sommet ; paraît être une assez bonne Laitue d'été très voisine de la L. blonde trapue.

Paresseuse ou monte à peine. (ANJOU), 1851. Espèce voisine de la L. palatine, mais à graine blanche.

Paresseuse grosse brune. (ANJOU), 1850. Très grosse Laitue verte, bordée de brun, rappelant un peu la palatine mais non tachée, plus grosse; à graine blanche.

Perpignane, 1833. Variété intermédiaire entre les Laitues de Versailles et blonde d'été.

Muguette. (ANJOU), 1854. Variété à pomme haute, blonde, lavée de rouge sur le sommet dans le genre de la L. blonde trapue.

Méterelle. Variété très voisine de la L. impériale avec des dimensions un peu moindres.

Batavia courte. Variété à feuilles blondes, courtes, très larges, cloquées et légèrement frisées sur les bords; pomme ronde, très grosse. Elle a quelques traits de ressemblance avec la L. chou de Naples, mais elle est moins verte: ce paraît être une bonne race.

VARIÉTÉS ANGLAISES.

Early Ice. (ÉTATS-UNIS), 1850. Paraît être une L. d'hiver; a monté sans pommer.

Early curled Silesia. (ÉTATS-UNIS), 1850. Espèce voisine de la L. Batavia blonde, mais plus blonde et plus dorée sur les bords.

Early white cabbage. (ÉTATS-UNIS), 1850. Grosse Laitue d'hiver, vert clair, cloquée, bordée de rouge; analogue à la L. passion, moins les taches qui caractérisent celle-ci.

Superb brown Silesia. (ÉTATS-UNIS), 1850. Ressemble beaucoup à la L. rouge chartreuse, ce que nous ne pouvons établir positivement, faute de point de comparaison.

Saxony. (ANGLETERRE), 1853. Pomme petite, écrasée et ferme, d'un blond blanchâtre, plus pâle même que la L. turque; feuilles extérieures peu amples, à cloqûres très douces, de couleur terne très pâle. Cette variété paraît très bonne, elle est hâtive comme la blonde de Berlin et tient bien la pomme quoiqu'elle soit rustique et dans une culture d'hiver elle a atteint le diamètre de 0^m,25 et le poids de 250 grammes. Elle appartient à la section des L. turques.

Marseilles. (ANGLETERRE), 1854. Variété très voisine de la L. Batavia brune, plus hâtive, un peu moins forte, moins haute, souvent un peu plus blonde, tachetée comme la L. grosse brune, ce qui a lieu très rarement dans notre race de L. batavia brune.

Red edged asiatic (ANGLETERRE), 1854. Espèce voisine de notre L. turque, plus blonde et moins forte.

Brown dutch, white seed. (ANGLETERRE), 1854. Dans une culture d'été, elle monte immédiatement; elle convient peut-être mieux pour l'hiver ou le printemps, cependant ses feuilles allongées n'annoncent pas une bonne race.

Tennisball, black seed. (ANGLETERRE), 1854. Ne ressemble pas à la race que nous cultivons sous ce nom, elle monte dans une culture d'été, mais elle fait pressentir une très bonne Laitue de printemps ou d'hiver.

Hampton-court. (ANGLETERRE), 1854. Elle a monté et n'est pas jugeable dans une culture d'été; il conviendrait de l'essayer d'hiver et de printemps.

Brown dutch, yellow seed. (ANGLETERRE), 1854. Parait identique à la L. verte à graine jaune (Anjou).

Hardy green. (ANGLETERRE), 1854. Cette graine a produit un mélange de deux espèces, l'une identique à notre L. passion d'hiver et l'autre à l'espèce anglaise, Tennisball, white seed.

Tennisball, white seed. (ANGLETERRE), 1854. A monté dans une culture d'été et n'a pu être jugée; il conviendrait de l'essayer d'hiver et de printemps.

Brown Genoa. (ANGLETERRE), 1851. Identique à la L. grosse palatine.

Royal Grand admiral, 1853. Parait très voisine de la L. blonde trapue.

Large India. (ÉTATS-UNIS), 1852. Variété très voisine de la L. Batavia blonde, mais plus courte.

VARIÉTÉS ALLEMANDES.

Sehr früher gelber Steinkopf, 1848. Très bonne Laitue hâtive à petite pomme ronde, à feuille un peu frisée.

Sehr früher brauner Steinkopf, weisser Saamen, 1854. Espèce hâtive, à petite pomme, brune, dans le genre de la L. palatine, montant très vite, ce qui semblerait indiquer qu'elle convient mieux pour le printemps.

Grosser gelber Prahl, schwarzer Saamen, 1854. Laitue blonde à pomme haute, peu serrée; ne parait pas bien franche.

Grosser brauner Prahl, schwarzer Saamen, 1854. Analogue à notre L. rousse à graine jaune, sauf la couleur de la graine.

Sehr früher brauner Steinkopf, weisser Saamen, 1852. Parait être une mauvaise race, montant sans pommer dans une culture d'été; de couleur presque semblable à celle de la L. turque Il conviendrait de l'essayer de printemps.

Sehr früher grüner Steinkopf, schwarzer Saamen, 1854. Variété du genre de notre L. à bord rouge, un peu plus verte, plus cloquée, plus tourmentée.

Allergrösster gelber Cyrius, weisser Saamen, 1854. Laitue très blonde à pomme haute et peu serrée; le lot reçu ne parait pas très suivi ni bien franc.

Zucker-oder Schwedenkopf, weisser Saamen, 1854. Variété voisine de la L. palatine, plus blonde, plus tourmentée, plus hâtive.

Grosser gelber Asiatischer, weisser Saamen, 1754. Variété très voisine de notre L. turque, mais plus blonde.

Gelber Winter, weisser Saamen, 1854. Jolie race fine, à comparer à notre L. George.

Früher gelber Maikopf, weisser Saamen, 1854. Variété du genre de la L. palatine, tachetée comme celle-ci, plus blonde, de la teinte de la L. rousse hollandaise, tenant peu la pomme; paraît être une excellente laitue de printemps.

Brauner Winter, weisser Saamen, 1854. Variété très voisine de la L. Früher gelber Maikopf, un peu plus colorée, se rapprochant davantage par la teinte de la L. palatine. Bonne espèce!

Gelber krausblättriger-Schnitt, weisser Saamen, 1854. Très voisine de la L. épinard, mai un peu moins blonde, feuilles crispées, plus serrées, plus petites. C'est une assez mauvaise race de L. à couper.

Gelber krausblättriger-Schnitt, schwarzer Saamen, 1854. Variété à feuilles très cloquées, blondes, ne paraissant pas devoir pommer, montant très promptement; nous n'en avons pas d'analogue, et elle ne pourrait convenir généralement comme L. à couper parce qu'elle est trop cloquée.

ROMAINES DIVERSES.

Turque à graine blanche, 1843. Race intermédiaire entre la R. grise maraîchère et la R. blonde de Brunoy : n'offre rien de remarquable.

Palatine, 1853. Variété voisine de la R. monstrueuse à laquelle il faudrait la comparer.

Romaine à graine jaune, 1851. Nous paraît être une très mauvaise race de Romaine montant sans pommer.

Grasse à graine blanche, 1843. Race intermédiaire entre la R. alphange et la R. grise maraîchère, à feuilles plus arrondies et plus étalées que dans celles-ci, coiffant seule, paraissant assez bonne, mais ne présentant pas une supériorité assez marquée pour que nous l'adoptions.

Rouge doré. Variété remarquable par ses feuilles crépues, très cloquées, d'un blond doré ainsi que la pomme, laquelle est aplatie et très peu serrée, rappelant, dans son ensemble, une Laitue Batavia. Comme, du reste, elle n'a rien de remarquable, nous l'avons exclue de notre collection commerciale. Graine blanche.

Blonde hâtive, 1832. Jolie race très hâtive, courte, ayant peu de feuilles, de la forme et de la tenue des R. maraîchères, mais à pomme peu serrée. Graine blanche.

Blanche marseillaise, 1848. Variété à feuilles très vertes épanouies en rosette, à cloqûres saillantes, et paraissant devoir produire une pomme très petite.

D'Alger à graine blanche, 1843. Race intermédiaire entre les Laitues et les Romaines, à pomme assez ferme, mais ne présentant rien de bien remarquable.

Panachée anglaise. Variété voisine des R. panachées, caractérisée par la forme des taches qui figurent des panachures allongées dans le sens des nervures et qui sont plus clair-semées.

DESCRIPTION

ROMAINES DIVERSES.

VARIÉTÉS ANGLAISES.

Pope's compact, 1854. Assez jolie variété du genre des R. maraîchères, à feuilles vertes colorées de rouge ou de brun, à pomme très petite.

Snow's matchless, 1854. Variété très mauvaise de la R. verte maraîchère, à feuilles plus étroites et à pomme beaucoup plus petite.

Brighton, 1854. Variété ayant le port et la couleur de la R. blonde maraîchère, mais beaucoup plus petite.

Vidice bianca. (ITALIE), 1854. Pomme haute, allongée, coiffant sans être liée, assez pleine, vert foncé teinté de brun; feuilles extérieures vert foncé, un peu en pointe, ayant l'extrémité renversée en dehors, vert foncé, à cloqûres douces, peu nombreuses. Cette romaine garde bien la pomme, elle est tendre et d'une saveur très douce. Elle a par sa couleur de la similitude avec la R. verte d'hiver, mais elle lui sera peut-être préférable.

LAITUE

VIVACE.

Syn. — EGREVILLE. — CHEVRILLE. — CORNE DE CERF. — GRESIL-LOTTE. — LAITUE DE BRUYÈRE. — LICOCHET. — GREDILLE OU GRELARD (au Mans).

Noms étr. — **Angl.** L. perennial.

Lactuca perennis. — Fam. des *Composées.*

Indigène. Vivace. Feuilles radicales formant une touffe étalée en rosette, longues d'environ 0m,25, découpées en lobes profonds, arrondies et comme linguiformes à l'extrémité, épaisses, glabres, d'un vert glauque. Tige de 0m,70, de couleur vert pâle, rougeâtre à la base, ramifiée, glabre. Fleurs terminales grandes, lilas. Graine brun noirâtre, longue, elliptique. Sa durée germinative est de 5 années. Dix grammes contiennent 6,000 graines. Le litre pèse....

Usage. — On mange en salade les feuilles encore tendres et blanches, coupées entre deux terres ou blanchies artificiellement comme la barbe de capucin; lorsqu'elles sont plus développées on les consomme cuites comme la chicorée ou les choux.

Culture. — V. *Almanach du Bon Jardinier,* 1854, page 491.

FIN DE LA PREMIÈRE PARTIE.